loisir dessert class

르와지르 **디저트 수업**

청담동 인기 베이킹 클래스 르와지르의 시크릿 레시피

loisir dessert class

르와지르 디저트 수업

김수경 지음

비타북스

제과를 하는 것도 베이킹 스튜디오를 하는 것도 계획되었던 일은 아무것도 없었다. 그렇기에 누군가 나에게 "처음부터 케이크 만드는 일을 하고 싶으셨어요?"라고 묻는다면 1초 만에 '네!' 하고 대답할 수는 없다. 하지만 제과는 내가 좋아하고 배워온 각국 요리나 커피, 티, 제과제빵 중 가장 흥미롭고 매력적인 일이다. 아름다우면서 달달하고, 새로운 레시피들을 마음대로 만들어 볼 수 있다는 것이 내 마음을 확실히 사로잡았다.

누군가를 가르치는 일도 그렇다. 적성에 맞는다고 생각하지 못한 일이었지만 디저트 카페와 베이킹 클래스를 병행하면서 내가 생각했던 것보다 더 반짝이는 수강생들의 눈을 바라볼 때마다 가르치는 일이 참 재미있다고 느꼈다. "맛있어요!"라는 수강생들의 한마디, 그 말이 하루의 피로를 푸는 행복이라는 걸 알게 되었고, 무엇보다 만들고 싶은 것을 만들고 또 그것들을 모두 가르쳐 줄 수 있는 것이 가장 큰 매력이다.

매일 최선을 다해 더 맛있는 레시피와 자세한 설명을 고민하며 꼼꼼하게 수업을 준비한다. 그러다보면 베이킹의 즐거움을 더 많은 사람들이 알게 되었으면 하는 마음이 자연스레 커진다. 그런 매 순간의 고민과 마음이 오롯이 책에 담겼으면 했다. 쉬운 레시피부터 도전하고 싶은 레시피까지, 구움과자와 무스, 슈, 타르트, 케이크를 아우르는 다양한 레시피들을 골랐다. 그리고 수업을 할 때 자주 받는 질문들을 선별해 각각의 팁과 CHEF'S TOUCH에 담았다.

어떤 것의 시작은 어느 한 순간의 좋은 기억이라고 한다. 언젠가 먹었던 따뜻한 스콘, 한 잔의 차와 잘 어울렸던 케이크 한 조각…. 이런 작은 기억들이 '아 이거 참 좋네, 나도 한번 해볼까?'라는 마음을 들게 하는 건 아닐까. 마냥 좋아했던 사람과 함께 갔던 카페의 쇼케이스에서 본 반짝거리던 딸기 타르트, 블루베리 컵케이크 사진이 너무 예뻐 바로 샀던 한 권의 책이 지금의 여기까지 나를 데려온 것 같다. 이 책이 디저트를 좋아하고 베이킹을 배우고 싶은 모든 이들에게 시작이 되는 좋은 기억이었으면 좋겠다.

마지막으로 좋은 재료와 맛에 대한 정확한 취향, 맛과 향에 누구보다도 예민하고 냉정한 언니가 있었기에 지금의 르와지르도, 이 책도 있을 수 있었다. 함께 해준 나의 하나뿐인 언니에게 르와지르의 첫 번째 책을 가장 먼저 전하고 싶다.

2017년 10월

김수경

Contents

Class 6
마카롱 × 베린느

일러두기

- 모든 버터는 발효 버터를 사용합니다.
- 초콜릿은 제과용 커버춰 초콜릿을 사용합니다.
- 모든 가루는 미리 한 번 체에 내려 사용합니다.
- 레시피의 양을 늘리거나 줄일 때는 들어가는 모든 재료의 분량을 같은 비율로 조정합니다.
- 재료에 '마다가스카르 바닐라빈'과 '타히티 바닐라빈'이라고 따로 표기되어 있는 레시피는 되도록 해당 바닐라빈을 사용해 베이킹합니다.
- 팬에 바로 팬닝해서 구워도 되지만 코팅이 되지 않은 팬이나 오래된 팬은 반죽 등이 깨끗하게 떨어지지 않을 수 있습니다. 되도록이면 테플론 시트를 깔고 만드는 것을 추천합니다.
- 오븐의 종류와 메이커에 따라 오븐의 온도와 굽는 시간에 차이가 있을 수 있습니다. 구워지는 상태와 색을 보며 사용하는 오븐의 특성에 따라 가감합니다.
- 모든 과정에 액상 식용색소를 사용하였습니다. 가루 식용색소는 초보자인 경우 뭉침 없이 풀기 힘드니 액상 식용색소를 추천합니다.

베이킹의 기초

PRE - CLASS

기본 도구

베이킹에 필요한 도구들은 종류도 많고 각각의 쓰임새도 다르기 때문에 기본 도구들을 잘 알아두는 것이 중요하다. 사용 후에는 항상 깨끗하게 세척하고 추가로 필요한 도구들을 구입할 때는 꼼꼼히 따져본다.

볼
재료를 넣어 반죽이나 크림 등을 만들 때 주로 사용한다. 플라스틱, 유리, 스테인리스 등 다양한 소재와 크기가 있으며 스테인리스 볼은 특히 열에 잘 견딘다. 재료의 양에 따라 선택하고 깨끗이 세척한 뒤 물기를 말려 보관한다.

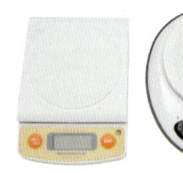

저울·미량계
2kg, 5kg 등 소형저울과 대형저울이 있으며 젤라틴, 베이킹파우더, 소금 등 예민한 재료들의 계량을 위해 소수점까지 계량되는 미량계가 있으면 좋다.

주걱
재료를 섞을 때 사용하는 것으로 실리콘으로 된 주걱을 사용하는 것이 위생적으로 좋다.

휘퍼
생크림을 올리거나 재료를 섞을 때 사용하고, 재료의 양에 따라 크기를 다르게 사용한다.

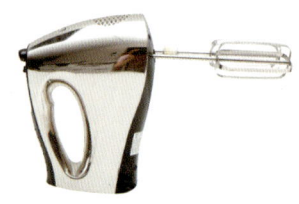

핸드믹서
반죽을 섞거나 거품을 올릴 때 사용하고, 손으로 하기 힘든 작업을 대신한다.

스패튤라
크림을 바르거나 반죽을 펼치고 정리할 때 사용하고, L자와 일자 스패튤라, 미니 스패튤라가 있다.

스크래퍼

반죽을 분할하거나 긁어 하나로 모을 때, 반죽을 펼칠 때 사용하고 플라스틱과 스테인레스 제품이 있다.

웨이브칼·일자칼

케이크를 자를 때 사용한다. 시트가 있는 케이크는 웨이브칼로 자르는 것이 좋고, 무스 같이 부드러운 케이크는 일자칼로 자르는 것이 좋다.

누름돌

타르트지를 구울 때 부풀지 않도록 무겁게 눌러주는 역할을 한다.

피케 롤러

빠른 시간 안에 타르트지에 고르게 여러 개의 구멍을 내는 도구로 구웠을 때 반죽이 너무 많이 부풀지 않도록 한다. 없을 경우에는 포크로 대체할 수 있다.

깍지

짤주머니 앞에 껴서 크림이나 반죽의 모양을 낼 때 사용한다. 다양한 크기와 모양의 깍지가 있다.

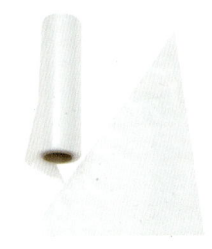

짤주머니

반죽이나 크림을 담아 짤 때 사용하며 앞부분을 가위로 잘라서 쓰거나 깍지를 껴서 사용한다. 비닐 짤주머니는 일회용이기 때문에 편리하고 위생적이지만 한 번 사용하고 버리므로 비용이 든다. 천 짤주머니는 재사용할 수 있지만 냄새가 밸 수 있고 세척을 제대로 하지 않으면 곰팡이가 생길 수도 있으므로 사용 후에 바로 세척하고 완전히 건조시킨다.

자

타르트나 파이 시트를 자를 때 정확한 크기를 잴 수 있다.

붓
제과용 붓으로 틀에 버터를 칠하거나
시럽을 바를 때 또는 반죽 윗면에 달걀
물을 바를 때 사용한다. 가루 재료를 털
때도 사용하며 따뜻한 물로 세척한 뒤
물기를 완전히 말려 보관한다.

밀대
반죽을 눌러 넓게 펴거나 모양낼 때 사
용하고, 초콜릿 장식의 곡선을 만들 때
사용하기도 한다. 플라스틱과 나무가
있다.

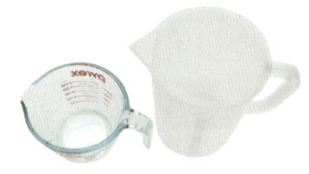

비커
묽은 반죽을 담아 붓거나 글라사주를
부을 때 사용하고, 유리와 플라스틱 제
품이 있다.

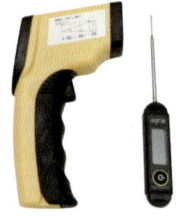

온도계
반죽 온도와 재료의 온도를 체크할 때
사용한다. 꽂아서 내부의 온도를 재는
방식의 온도계와 표면의 온도를 재는
온도계가 있다.

체
밀가루, 전분 등의 가루 재료와 크림, 반
죽 등의 액체를 곱게 거를 때 사용한다.
슈거파우더, 장식용 데코스노우를 뿌릴
때도 사용하며 망이 촘촘한 것이 좋다.

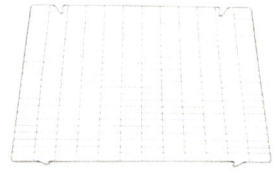

식힘망
구운 반죽을 식힐 때 사용하는 망으로
간격이 너무 넓지 않은 것이 좋으며 글
라사주 작업을 할 때도 유용하게 사용
된다.

전사비닐
초콜릿 전사지나 초콜릿 장식을 만들
때 사용하는 약간 도톰한 비닐. 인터넷
으로 구입 가능하며 없으면 OPP필름으
로 대신할 수도 있다.

유산지
반죽을 구울 때 팬이나 틀에 까는 일종
의 기름종이로 반죽이 달라붙지 않게
한다.

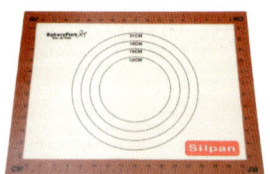

실리콘 베이킹 매트
반죽을 치대거나 잘게 자르고 섞을 때
바닥에 깔고 사용할 수 있는 매트로 세
척과 보관이 용이하다.

테플론 시트
반영구적으로 사용할 수 있는 베이킹
시트로 여러 번 씻어서 재사용할 수 있
다. 반죽이 달라붙지 않고 수분이 날아
가는 것을 방지한다.

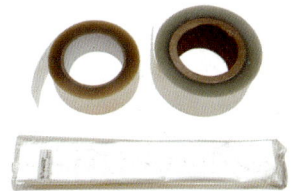

무스띠·케이크띠
무스 케이크나 조각 케이크 옆면에 두
르는 비닐. 일반적으로 두께가 두꺼운
띠를 무스띠 또는 OPP필름이라 부르고
두께가 얇은 띠를 케이크띠라고 구분한
다. 초콜릿 장식을 만들 때도 사용한다.

돌림판
케이크에 크림을 바르거나 장식을 할
때 사용하는 회전판. 주물로 된 무거운
돌림판이 안정적이며 오래 사용할 수
있다.

쿠키 커터
소형 쿠키나 스콘을 만들 때 주로 사용
하고 케이크와 무스 안에 넣을 인서트
를 잘라낼 때도 사용할 수 있다.

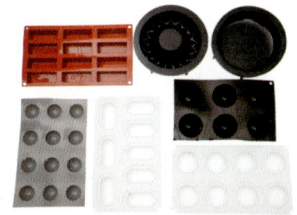

실리콘틀
케이크와 무스, 구움과자 등을 구울 때
사용한다. 요즘에는 국내에도 다양한
크기와 모양의 틀이 수입되어 있어 취
향에 따라 선택해 사용할 수 있다.

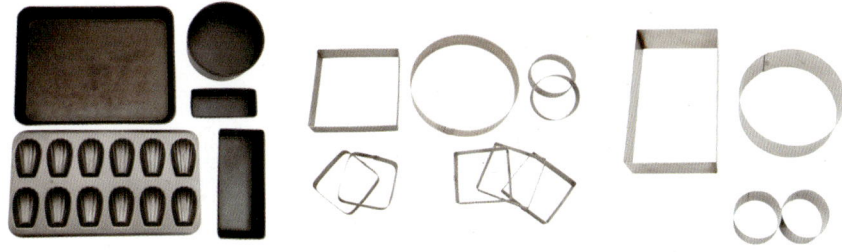

오븐 팬·베이킹 전용틀
반죽을 오븐에 굽거나 굳힐 때 사용하는 모양틀로 유산지나 테플론 시트를 깔아 사용
하기도 한다. 다양한 모양과 크기가 있으므로 오븐 크기에 맞게 사용한다.

기본 재료

재료 하나의 작은 차이가 한층 더 맛있는 베이킹을 완성한다. 베이킹에 사용되는 기본 재료의 특성과 장점을 잘 알아두면 특별한 추가재료 없이도 맛있고 풍미가 좋은 디저트를 만들 수 있다.

메이플슈거 플레이크
단풍나무 수액을 끓여 수분을 증발시켜 만드는 설탕 결정으로 메이플 시럽이나 메이플 버터를 만들 때보다 더 오래 끓여 만든다.

펙틴
과일 껍질에서 추출해 만든 가루 형태의 첨가물로 잼이나 크림을 만들 때 되직하게 만들어주는 응고제 역할로 많이 사용된다.

판 젤라틴·가루 젤라틴
동물의 콜라겐을 뜨거운 물로 처리하여 얻어지는 단백질의 일종으로 탱글탱글한 성질을 유지할 수 있도록 한다. 무스나 젤리를 만들 때 쓰이고 물에 미리 불려놓았다 녹여 사용한다.

마스카르포네 치즈
지방 함량이 55~60%인 치즈로 부드러운 우유 맛을 낸다. 제과에서는 치즈 제품을 만들 때나 생크림을 조금 더 안정되게 사용하고 싶을 때 첨가하여 사용한다.

코코아파우더
볶은 카카오에서 카카오버터를 추출한 후 나머지를 건조 분쇄해 만든 파우더로 다양한 디저트에 사용된다. 전혀 달지 않고 떫은 산미가 있으며 맛과 향이 좋은 발로나 코코아파우더를 추천한다.

커버춰 초콜릿
카카오버터가 30% 이상 함유된 고급 초콜릿을 말하며 2~2.5kg의 판으로 된 초콜릿과 버튼 형식으로 된 초콜릿이 있다. 대표적인 브랜드로는 발로나 Valrhona, 펠클린Felchlin, 카카오바리Cacao Barry, 칼리바우트Callebout 등이 있다.

생크림

우유의 유지방을 농축해 만든 크림으로 100% 우유를 사용한 동물성 크림과 식물성 크림으로 나뉜다.

견과류

고소한 맛과 향을 내는 재료로 아몬드, 피스타치오, 마카다미아, 헤이즐넛 등 다양한 종류가 있다. 사용하기 전에 미리 한 번 구우면 훨씬 고소하고 풍부한 맛을 낼 수 있다.

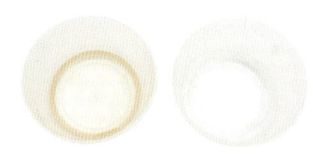

물엿·꿀

설탕과 같은 단맛을 내는 재료이면서 케이크 시트 등을 촉촉하게 만드는 보습 효과를 가지고 있다.

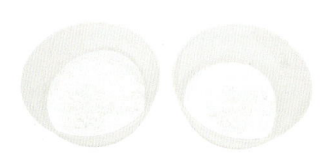

베이킹파우더·베이킹 소다

반죽에 넣는 팽창제로 화학반응을 일으켜 탄산가스를 발생시키고 기포를 만들어 반죽이 부풀 수 있도록 한다. 이 책에서는 베이킹파우더를 사용했다.

바닐라빈

주로 씨를 긁어 사용하며 얇고 조금 진하면서도 익숙한 바닐라 향을 지닌 마다가스카르 바닐라빈과 1cm 정도의 도톰한 굵기에 부드러운 향이 나는 타히티 바닐라빈이 있다. 2가지 바닐라빈의 향 차이가 크기 때문에 각 디저트에 어울리는 바닐라빈을 선택하여 사용한다.

화이트 폰당

에클레어나 생토노레 코팅으로 많이 사용되며 설탕과 물을 섞어서 만든다. 하얗고 끈끈하며 매우 조밀하고 고운 상태의 질감으로 색소를 넣어 사용할 수도 있다.

설탕

단맛뿐 아니라 제품을 촉촉하게 하는 보습 효과가 있고 쉽게 상하거나 변하지 않도록 유지하는 역할을 한다. 따라서 덜 달게 만들고 싶다면 설탕량을 줄이지 말고 단맛은 적지만 그 외의 역할은 그대로 하는 저감미당(트레할로스, 자일로스 등)으로 대체한다.

발효 버터

크림에 젖산균을 넣어 발효시킨 버터로 특유의 산미가 있는 강한 풍미를 지닌 것이 특징이다. 일반 버터보다 가격대가 약간 높지만 구움과자나 파운드 케이크, 파이 등 버터가 주재료인 제품을 구웠을 때 버터 향의 풍미가 한층 올라간다.

달걀

베이킹에서 형태를 지탱하는 역할을 하며 휘핑 정도에 따라 식감이 달라진다. 레시틴이 들어 있는 달걀노른자는 반죽을 부드럽게 하는 유화제 역할을 하고 구웠을 때 먹음직스러운 노란 빛깔을 낸다. 베이킹에서 큰 비율을 차지하는 재료이므로 신선도가 높은 달걀을 사용하는 것이 중요하다.

우유

수분, 지방, 단백질, 유당 등으로 구성되어 있는 우유는 크림을 만들거나 반죽의 되직한 정도를 조절하는 데 사용한다. 물 대신 우유로 반죽해 구우면 훨씬 부드러운 식감과 고소한 풍미를 낼 수 있다.

이소말트

설탕과 달리 열을 가해도 색이 나지 않고 비교적 투명한 상태를 유지하기 때문에 녹여서 장식을 만드는 재료로 주로 사용한다.

전분

콘스타치라고도 하며 끈기는 없고 단맛만 남은 하얀 가루다. 입자가 매우 부드럽고 응고작용이 강해 반죽을 잘 엉기게 하고 부드럽게 만들어주는 역할을 한다. 보통 밀가루 양의 3~5% 정도 넣는다.

강력분·중력분·박력분

베이킹에서 사용하는 밀가루는 단백질 함유량에 따라 강력분(12~14%), 중력분(9.5%), 박력분(7~9%)으로 나뉜다. 구웠을 때 강력분은 잘 늘어나면서도 쫄깃함이 강하고, 박력분은 바삭한 식감이 살아있다. 주로 박력분을 사용하지만 제품에 따라 조금 더 부드러운 식감을 원한다면 중력분이나 강력분을 사용할 수 있고, 중력분은 수분 함량이 많아 반죽에 힘이 없을 경우 박력분·강력분과 섞어 사용한다.

／ 리큐어

리큐어는 과일이나 사탕수수 등을 발효시켜 만드는 술로 디저트의 맛과 향을 한층 더 끌어 올려 주는 역할을 한다. 수많은 리큐어가 있지만 아래의 5가지 기본 리큐어를 갖춰 놓으면 좋다. 이외에 이 책에서 사용된 리큐어들은 모두 베이킹 재료 & 도구 구입처 소개(33쪽)에 있는 리큐어 판매처에서 쉽게 구입할 수 있다.

화이트 럼
사탕수수를 증류해서 만드는 술로 증류하고 숙성시키지 않아 색이 맑고 깨끗한 향을 지니고 있다

다크 럼
화이트 럼과 같은 사탕수수로 만든 증류주이지만 토스팅된 오크통에서 숙성시킨다. 바닐라 캐러멜 향이 나고 숙성되면서 금빛으로 바뀐다.

쿠앵트로
오렌지 껍질과 꽃으로 향을 더한 무색의 리큐어로 상큼한 과일이 들어가는 디저트에 많이 사용된다.

키르슈
잘 익은 버찌를 증류한 과일 브랜디로 체리 향이 강하고 알코올 농도가 높다. 체리나 딸기, 피스타치오와 잘 어울려 자주 같이 사용한다.

코냑
프랑스 코냐크 지방에서 생산되는 포도주를 원료로 한 술로 브랜디 중 세계 제일로 평가된다.

19

베이킹의 기본, 휘핑 알아두기

달걀흰자와 생크림 휘핑은 베이킹에서 꼭 필요한 과정이지만 적절한 속도와 알맞은 타이밍을 맞추는 것은 생각보다 쉽지 않다. 아래의 각 단계를 머릿속으로 그리며 휘핑 연습을 해보자. 적절한 속도와 타이밍을 아는 눈과 감각을 자연스럽게 기를 수 있다.

/ 머랭 휘핑

1 처음, 가볍게 풀어준 정도.

2 묽지만 전체적으로 고운 기포로 볼륨감이 있는 머랭.

3 뿔이 흔들리는 부드러운 머랭.

4 뿔이 살짝 뾰족하지만 덩어리 지지 않는 머랭.

5 뿔이 단단하고 뾰족하게 서는 머랭.

6 오버휘핑으로 분리된 머랭.

╱ 생크림 휘핑

1 액체 상태.

2 부피는 생겼지만, 묽어서 휘퍼에 서 주르륵 흐르는 60% 상태.

3 휘퍼 또는 핸드믹서 날에 살짝 붙 었다가 떨어지는 70% 상태.

4 휘퍼 또는 핸드믹서 날에 붙고 살 짝 뿔이 생기는 80% 상태.

5 단단하게 뿔이 생기고 질감이 거 칠어지기 시작하는 90% 상태.

6 오버휘핑으로 분리된 생크림

더 특별한 베이킹을 위한 데커레이션

만들기 쉬우면서도 여러 가지 모양과 느낌을 연출할 수 있는 장식을 다양하게 활용하면 누구나 나만의 개성이 살아있는 디저트를 완성할 수 있다.

/ 이소말트 칩

이소말트는 설탕 대신에 사용할 수 있는 감미료 중 하나로 습기와 열에 강해 열을 가해도 설탕처럼 캐러멜 색이 나지 않고 투명하고 하얀 상태를 유지한다. 녹여 장식을 만들면 하나의 작은 예술 작품 같은 고급스러움을 연출할 수 있다.

1 오븐을 170℃로 예열한다.

2 팬에 테플론 시트를 깔고 이소말트 가루를 조금 뭉친 듯 넉넉하게 뿌린다.

　tip 이소말트를 너무 적게 뿌리면 방울방울 혼자 돌아다니기 때문에 원하는 모양으로 만들기 어렵다. 한곳에 조금 뭉친 듯 넉넉히 뿌려 구워야 나중에 모양을 만들기 쉽다.

3 오븐에 넣고 20분간 굽는다.

4 꺼내자마자 주걱으로 녹은 이소말트 액체를 긁어 원하는 모양으로 만들면서 굳힌다.

／ 초콜릿 장식

초콜릿 장식을 만들 때는 일반 초콜릿이 아닌 제과용 커버춰 초콜릿을 사용한다. 커버춰 초콜릿은 녹았다 굳으면서 표면에 광택이 없어지고 무늬가 생기며, 손에서 금방 녹아버리기 때문에 사용하기 전에 꼭 템퍼링을 해 주어야 한다. 다른 특별한 색의 초콜릿 장식을 원한다면 템퍼링 후 초콜릿용 색소를 추가해 조색한다.

[깃털 장식]

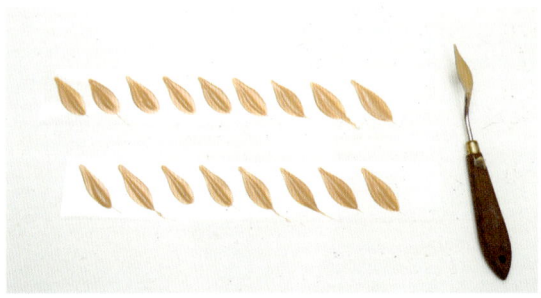

1 바닥을 젖은 행주나 물티슈로 한 번 닦은 후 케이크띠를 살짝 고정시킨다.

2 템퍼링한 초콜릿을 끝이 뾰족한 칼이나 스페튤라의 한쪽 면에만 묻게 뜬다.

3 스패튤라를 평평하게 하여 초콜릿 전체가 케이크띠에 닿게 한 후, 스패튤라를 수평하게 위로 살짝 들어 올렸다가 아래로 빠르게 빼낸다.

  tip 칼이나 스패튤라의 크기나 모양에 따라 꽃잎 같은 모양도 만들 수 있다.

템퍼링

템퍼링하는 방법은 여러 가지가 있지만 집에서 소량 사용할 때는 '접종법(seed method)'이 좋다. 약 200g 정도만 템퍼링하면 충분한 양의 데코를 만들 수 있으며 가급적 온도와 습도가 일정한 곳에서 작업하는 것이 좋다. 더운 한여름에는 꼭 에어컨을 튼 장소에서 작업하고 만든 초콜릿 장식은 밀폐용기에 넣어 냉장 보관한다.

1 초콜릿(사용하고자 하는 양의 2/3)을 중탕으로 완전히 녹여 45℃로 맞춘다.

  tip 전자레인지를 사용할 때는 전자레인지 사용이 가능한 볼에 넣고 20초씩 돌려 녹인다.

2 새 초콜릿(사용하고자 하는 양의 1/3)을 넣고 주걱으로 저어가며 온도를 낮추고 완성 온도에 맞춘다.

  tip 1 다크초콜릿은 31℃, 밀크초콜릿은 30℃, 화이트초콜릿은 29℃로 맞춘다.

  tip 2 새 초콜릿이 다 녹았는데도 완성 온도가 되지 않으면 초콜릿을 조금 더 추가한다.

3 스패튤라나 스크래퍼에 초콜릿을 조금 묻히고 시원한 곳에 잠깐 두어 손에 묻어나지 않고 잘 굳는지 확인한 후 장식을 만든다.

[삼각 곡선 장식]

1 바닥을 물티슈로 한 번 닦은 후 무스띠를 고정시키고, 템퍼링한 초콜릿을 띠 위에 붓고 스패튤라로 평평하게 편다.

2 무스띠를 들어 올려 옆으로 옮긴 후, 손으로 만졌을 때 초콜릿이 묻어나지 않으면 칼로 살짝 그어 자국을 내며 삼각형으로 자른다.

    tip 삼각형 이외에 곡선으로 연출하고 싶은 모양들을 자유롭게 만들어본다.

3 초콜릿 위에 무스띠 크기로 자른 유산지 한 장을 대고 밀대와 테이프를 준비한다.

4 밀대에 유산지를 댄 초콜릿을 사선으로 감고 테이프로 고정시킨 후, 냉장고에 넣어 1시간 정도 완전히 굳힌다.

5 테이프를 제거하고 조심스럽게 무스띠를 떼어내면서 초콜릿 장식을 분리한다.

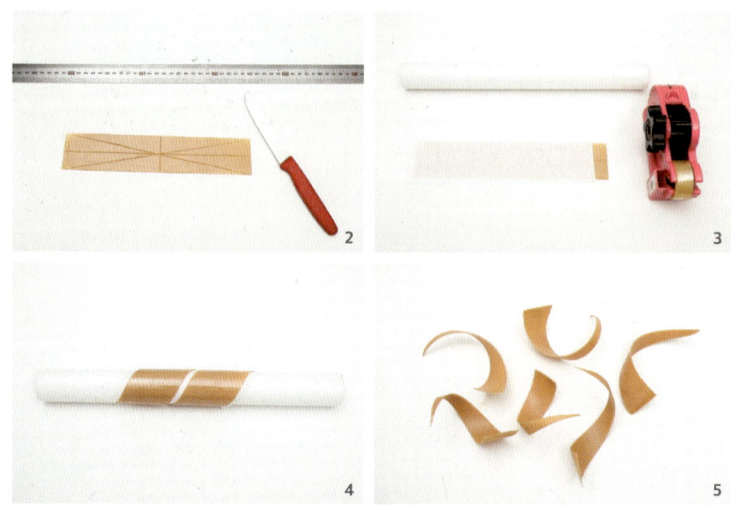

[원형 장식]

1 바닥을 물티슈로 한 번 닦은 후 전사비닐을 고정시킨다.

2 템퍼링한 초콜릿을 전사비닐 위에 붓고, 전사비닐을 한 장 더 위에 올린 뒤 밀대로 전체적으로 고르게 밀어 초콜릿을 얇게 편다.

3 살짝 굳으면 원형 쿠키 커터로 찍는다.

    tip 다양한 모양과 크기의 쿠키 커터를 활용해 여러 가지 모양의 응용 장식을 만들어본다.

4 완전히 굳으면 원형만 떼어낸다.

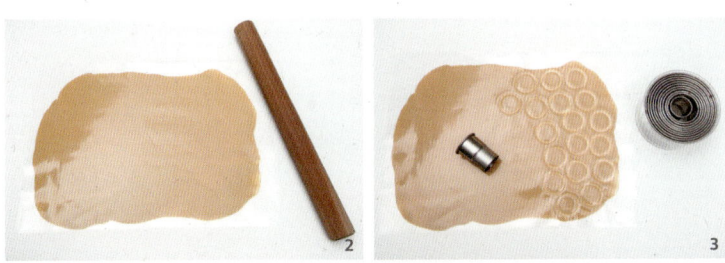

/ 스위스 머랭 쿠키

스위스 머랭 쿠키는 바삭한 식감의 달달한 과자로 깍지 모양에 따라 여러 가지 느낌을 연출할 수 있다. 중탕에서 따뜻한 상태로 거품을 올려 만들어 보다 더 단단하고 습기에 약하지 않아 오븐에 구우면 잘 마른다.

Ingredients

달걀흰자 50g
설탕 50g
슈거파우더 50g
바닐라 에센스 2~3방울

1 볼에 달걀흰자를 넣고 풀어준 후 설탕, 바닐라 에센스를 넣고 살짝 거품이 일어날 정도로 휘핑한다.

2 약불로 끓는 중탕에서 휘핑하면서 온도를 70℃ 이상으로 올린다.

3 전체적으로 고운 거품 상태가 되면 슈거파우더를 넣고 휘핑하여 뿔이 단단하고 뾰족하게 서는 머랭을 만든다.

4 깍지를 끼운 짤주머니에 담아 테플론 시트에 일정한 크기와 간격으로 짠 후, 70~80℃ 정도의 오븐에서 약 2시간 정도 천천히 속까지 바삭하게 말린다.

tip 1 낮은 온도로 천천히 오래 말려야 하얗고 속까지 바삭한 식감이 나는 머랭을 만들 수 있다. 바람이 부는 컨벡션 오븐이면 더 좋고 짠 머랭의 크기가 클수록 더 오래 말린다.

tip 2 색소를 넣고 휘핑하면 다양한 컬러의 머랭 쿠키를 만들 수 있다.

자주 쓰는 베이킹 용어

자주 쓰는 용어들을 알아두면 베이킹이 한결 쉬워진다. 이 책에서는 레시피를 만들 때 헤매지 않도록 어려운 베이킹 용어는 최대한 줄이고 자주 쓰이면서 꼭 알아야 할 용어들을 따로 정리했다.

퐁세, 폰사주 : [Foncer]
틀 크기에 맞게 반죽을 두르는 것을 뜻하며, 타르트틀에 타르트 반죽을 딱 맞게 넣고 남은 반죽을 깔끔하게 커팅해주는 것을 말한다.

팬닝한다 : [Panning]
반죽을 굽기 전 팬에 나열하거나 틀에 채우는 것을 말한다. 너무 많거나 적으면 오븐의 열전도가 잘 이루어지지 않기 때문에 반죽 각각의 중량과 모양에 맞게 담는다.

포마드 상태 : [Pommade]
포마드는 크림처럼 부드러운 상태를 뜻하며 포마드 상태의 발효 버터는 실온에 두어 말랑말랑해진 버터를 의미한다.

캐러멜라이즈 : [Caramelize]
설탕을 갈색이 될 때까지 가열해 졸이는 것을 뜻한다. 사과를 절이거나 건과류를 캐러멜 코팅할 때 쓰는 용어다.

글라사주 : [Glacage]
타르트나 케이크, 무스의 겉면이 마르지 않고 윤기가 나도록 입히는 소스. 초콜릿베이스 글라사주는 다크초콜릿, 밀크초콜릿, 화이트초콜릿을 모두 사용할 수 있고 투명하게 씌우는 글라사주도 있다.

콩포트 : [Compote]
과일과 설탕을 함께 졸인 것으로 보통 흔히 말하는 잼을 뜻한다. 설탕에 절인다는 의미도 있다.

마카로네, 마카로나주 : [Macaronner]
마카롱 반죽을 섞는 방법으로 반죽을 주걱으로 세게 누르듯이 저어 섞는 것을 말한다. 들어 올렸을 때 반죽이 끊어지지 않고 주르륵 흐르면서 리본모양으로 접히는 상태가 되게 한다.

밀착 래핑
공기가 닿아 균이 쉽게 번식하는 것을 방지하기 위해 랩을 재료의 표면에 최대한 밀착시켜 씌우는 것을 뜻한다.

매끈하게 섞는다
'유화시킨다'와 같은 뜻으로 수분이 많은 반죽과 유분인 버터 등이 분리되지 않게 골고루 섞는 것을 말한다.

뽀얗게 휘핑한다
휘퍼나 핸드믹서를 이용해 섞어 재료 안으로 충분히 공기를 모아 부피가 커지고 크림색이 날 때까지 휘핑하는 것을 말한다.

미리 알아두면 좋은 오븐 활용법

어떤 오븐을 사용하든 장단점이 있지만 가장 중요한 것은 내가 사용하는 오븐의 특성을 잘 알고 있어야 한다는 것이다. 같은 브랜드, 같은 기종의 오븐도 각각 전체 온도가 다를 수 있으며 좌우나 앞뒤 등이 부분적으로 다를 수도 있다. 간단한 쿠키나 제누아즈를 구워보며 오븐에 대한 나름의 기준을 정하고, 처음 보는 레시피의 경우에는 나와 있는 시간보다 5~10분 정도 덜 굽고 틈틈이 상태를 체크하며 더 굽는 것이 좋다. 오븐은 크게는 요즘 가정에서 많이 사용하는 컨벡션 오븐과 사업장에서 주로 사용하는 데크 오븐이 있다.

/ 컨벡션 오븐

바람을 이용하여 전체적으로 고르게 열을 전달하는 오븐으로 너무 건조해지지 않게 유의해야 한다. 바람이 한쪽 문이나 벽에 많이 닿아 한 부분만 더 빨리 익을 수도 있기 때문에 중간중간 오븐 팬을 돌려주면서 구워야 하는 경우가 있다. 스메그나 우녹스, 지애라 등의 브랜드가 있다.

/ 데크 오븐

윗불과 아랫불이 따로 있어 위아래에서 열을 전달하는 오븐으로 보통 아래 온도가 굉장히 높고 열을 오래 품고 있다. 열에 민감한 마카롱이나 쿠키를 구울 때는 특히 더 주의를 기울이고, 시트를 구울 때도 아랫부분만 너무 건조해지지 않도록 오븐 팬 2장을 겹쳐 이중으로 사용하면 좋다.

베이킹 재료 & 도구 구입처 소개

★ ★

재료

아이푸드넷 www.ifoodnet.co.kr

Sosa 제품, Pavoni 실리콘틀, 타히티 바닐라빈, 마다가스카르 바닐라빈, 시실리 피스타치오 페이스트, DAITO CACAO 초콜릿 제품, 일본 수입 케이크 받침 및 상자 등 고급 제과 재료와 틀, 상자 등을 구입할 수 있다.

베이크플러스 www.bakeplus.com

Valrhona 사의 모든 초콜릿과 Isigny, LESCURE 사의 발효 버터 외에도 다양한 제과제빵 관련 재료들을 구입할 수 있다.

선인 www.ppang.biz

IQF 사의 프리미엄 냉동 허브, 냉동 과일과 키르슈, 쿠앵트로, 럼, 코냑 등 고급 프랑스 리큐어와 다양한 제과제빵 재료들을 구입할 수 있다.

아이러브초코 www.ilovechoco.net

유어디시 www.urdish.com

올리커 www.all-liquor.co.kr

리큐어 전문점 형제상회 서울 중구 남창동 33-1 대도종합상가 D동 지하 1층 231호, 02-752-4962

도구

다온베이킹 www.daonbaking.com

정우공업 www.bakerypark.co.kr

영구공업사 www.e09co.com

스메그코리아 www.smegkorea.com

초콜릿 전사지 사이트 카카오 플러스 www.cacaoplus.com

실패 없는 베이킹을 위한 조언

1. 레시피를 여러 번 읽는다

자세하게 여러 번 레시피를 읽으면서 모르는 재료가 없는지, 어떤 재료를 같이 계량해야 하는지, 어떤 볼에 계량하는 것이 좋은지, 과정을 어떻게 진행해야 하는지 생각한다. 자연스럽게 머릿속으로 여러 번 만들어 보는 효과가 있기 때문에 헷갈리지 않고 정확하고 차분하게 베이킹을 할 수 있다. 많이 읽고 반복할수록 더 쉽고 완벽하게 만들어진다.

2. 계량은 레시피대로 정확하게 한다

'베이킹은 과학이다'라는 말이 있듯이 정확하게 계량할수록 생각한 일정한 결과물이 나올 확률이 높아진다. 소수점으로 나온 레시피들도 무시하지 말고 미량계로 정확하게 계량하는 습관을 들인다.

3. 사용하는 오븐을 꼼꼼히 체크한다

레시피대로 온도와 시간을 맞춰도 그대로 구워지지 않는 경우가 더 많다. 내가 사용하는 오븐의 특성을 잘 알고 있어야 원하는 상태의 결과물을 얻을 수 있다. 오븐이 일반적인 온도보다 더 높은지, 낮은지, 혹은 어느 한쪽이 더 뜨겁지는 않은지 미리 체크한다.

4. 마무리 데코까지 집중력을 놓지 않는다

보통 과정이 많을수록 뒤로 가면서 지치거나 집중력이 약해지기 쉽다. 그럴수록 마지막 데코까지 신경 쓰는 것이 중요하다. 여러 단계의 과정이 차곡차곡 모여 하나의 완성된 작품이 되는 것이 베이킹이다. 하나하나의 과정을 집중력 있게 성실히 할수록 맛은 물론 눈으로도 즐길 수 있는 만족스러운 베이킹을 할 수 있다.

5. 내가 좋아하는 맛과 식감을 기억한다

모든 레시피가 내 입맛에 맞는 베스트 레시피일 수는 없다. 배우고 직접 여러 가지 레시피를 만들어보면서 내가 어떤 맛과 식감을 좋아하는지 잘 기억하고 스스로 응용해보아야 한다. 어떤 것도 하늘에서 뚝 떨어져 쉽게 얻는 것은 없다. 많이 생각하고 상상하고 조합해볼수록 베이킹 실력이 올라가고 나만의 색깔이 있는 베이킹을 할 수 있다.

6. 실패 없는 베이킹은 없다는 것을 잊지 않는다

실패를 함으로써 이론으로만 알던 것들을 몸소 깨닫게 되고, 그것이 기억되어 다시 같은 실수를 하지 않게 된다. 아이러니하게도 많은 실패를 하면서 만들어 본 사람만이 결국에는 실패하지 않는 베이킹을 하게 되는 것이다. 실패하는 것을 두려워하지 말고 많이 만들어보고 다양한 레시피에 도전해보자.

Class 1

COOKIE × SCORN × POUND CAKE

쿠키 × 스콘
파운드 케이크

간단하지만 만들 때마다 새로운 행복을 발견하게 되는 디저트.
조금 더 쉽고 조금 더 특별한 일상의 여유를 굽다.

메이플슈거 헤이즐넛 사블레

Maple Sugar Hazelnut Sable

고소하게 구운 헤이즐넛과 은은하고 달달한 단풍나무 시럽의 풍미를 느낄 수 있는
메이플슈거를 함께 구워 한층 더 고급스러운 사블레.
바삭바삭하면서도 부드럽게 씹히는 식감이 좋아 간식으로는 물론 선물로도 좋다.

구운 헤이즐넛

메이플슈거 플레이크

Ingredients   지름 7cm 쿠키 약 22개

발효 버터 88g
분당 38g
소금 2g
메이플슈거 10g
달걀노른자 8g

박력분 125g
헤이즐넛 40g
메이플슈거 플레이크 100g

Preparation

· 오븐은 170℃로 예열한다.
· 발효 버터는 실온에 미리 꺼내두어 말랑말랑한 포마드 상태로 준비한다.
· 헤이즐넛은 160℃ 오븐에서 10분 정도 미리 구워 둔다.
· 메이플슈거 플레이크는 넓은 바트에 펼쳐 놓는다.

1 볼에 발효 버터를 넣고 핸드믹서로 가볍게 풀어준 후 분당, 소금, 메이플슈거를 넣고 크림 상태가 되도록 섞는다.

2 달걀노른자를 한번에 넣고 섞는다.

3 박력분을 넣고 주걱으로 날가루가 보이지 않을 때까지 자르듯이 섞은 후 구운 헤이즐넛을 넣고 섞는다.

4 베이킹 매트 위에 반죽을 옮기고 스크래퍼를 이용해 뒤집어주면서 잘 뭉친다. 반죽을 래핑한 후 30분 정도 냉장고에서 휴지시킨다.

5 휴지시킨 반죽을 바트를 이용해 지름 6cm 정도의 둥근 원통형으로 민다.

6 다시 래핑하고 냉동고에서 30분 정도 자르기 좋은 굳기로 휴지시킨다.

7 물을 약간 덜 짠 젖은 행주를 펼치고 그 위에 쿠키 반죽을 굴려 겉면에 물기를 묻힌 다음 메이플슈거 플레이크가 뿌려진 바트 위에 굴린다.

8 0.8mm 두께로 일정하게 자르고 팬에 팬닝한다.

9 170℃로 예열된 오븐에서 약 15분간 굽는다.

CHEF'S TOUCH

- 버터가 주재료일 때 발효 버터를 사용해 구우면 풍미가 한층 올라간다.
- 가루 재료를 섞을 때는 최대한 가볍게 섞는다. 너무 많이 섞으면 글루텐이 형성되어 쿠키가 딱딱해진다.
- 쿠키가 완전히 식은 후에 먹으면 더 바삭한 식감을 즐길 수 있다.

그뤼에르 치즈 사블레

Gruyere Cheese Sable

스위스의 치즈마을 그뤼에르의 이름을 딴 그뤼에르 치즈는
맛과 향이 과하지 않아 여러 가지 베이킹에 응용하기 좋다. 단맛과 감칠맛이 적절히 어우러진
그뤼에르 치즈에 고소한 견과류 향과 살짝 톡 쏘는 핑크페퍼를 더한 특별한 사블레.

> **Ingredients** 4cm × 4cm 쿠키 약 20개

발효 버터 100g	레몬제스트 1/2개 분량	그뤼에르 치즈A 40g
설탕 75g	달걀 20g	다진 핑크페퍼 1g
소금 1g	중력분 150g	겉에 바를 달걀노른자 약 10g
바닐라 에센스 2~3방울	아몬드파우더 50g	그뤼에르 치즈B 5g

> **Preparation**

- 오븐은 160℃로 예열한다.
- 발효 버터는 실온에 미리 꺼내두어 말랑말랑한 포마드 상태로 준비한다.
- 달걀은 미리 꺼내 실온상태로 준비한다.
- 달걀노른자는 곱게 풀어 준비한다.

1 볼에 발효 버터, 바닐라 에센스, 레몬제스트, 설탕, 소금을 넣고 핸드믹서로 잘 섞는다.

2 달걀을 2번 나누어 넣어 가며 휘핑한다.

3 체 친 중력분, 아몬드파우더를 넣고 그뤼에르 치즈A 를 곱게 갈아 넣은 뒤 주걱으로 날가루가 없을 정도 까지만 가볍게 섞는다.

<u>tip</u> 너무 많이 치대면서 섞으면 글루텐이 생겨 구웠을 때 바삭한 식감이 나지 않고 딱딱해지므로 주의한다.

4 다진 핑크페퍼를 넣고 골고루 섞는다.

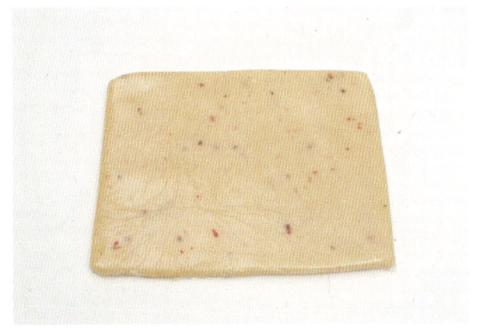

5 반죽을 한 덩어리로 뭉쳐서 납작하게 편 뒤 래핑하여 냉장고에서 하루 정도 휴지시킨다.

6 휴지시킨 반죽을 꺼내 0.8mm 두께로 밀고 칼로 4cm × 4cm 크기로 컷팅한다.

7 팬닝 후 붓으로 윗면에 달걀노른자를 바르고 그뤼에르 치즈B를 곱게 갈아 뿌린다.
tip 쿠키 옆면에는 달걀노른자가 묻지 않도록 조심한다.

8 160℃로 예열된 오븐에서 약 15분간 굽는다.

CHEF'S TOUCH

• 핑크페퍼나 레몬제스트는 취향에 따라 가감할 수 있지만 그뤼에르 치즈의 향을 가리지 않을 정도로만 적당히 넣는다.

캐러멜 땅콩 샌딩 쿠키

Caramel Peanuts Sanding Cookie

입안에서 부드럽게 부서지는 식감의 쿠키 도우에 고소한 볶은 땅콩을
갈아 넣은 쫀득한 캐러멜을 샌딩한 쿠키. 땅콩의 고소함과 캐러멜의 달콤 쌉쌀함이
입안 가득 퍼지며 기분 좋은 달달함을 가져온다.

바닐라 쇼트브레드

캐러멜 땅콩 필링

Ingredients 지름 6cm 쿠키 7개

바닐라 쇼트브레드
발효 버터 150g
슈거파우더 55g
소금 1g
바닐라빈 1/2개

바닐라 에센스 3방울
중력분 225g
전분 30g
캐러멜 땅콩 필링
설탕 60g

물엿 7g
생크림 65g
발효 버터 65g
소금 1g
땅콩 35g

Preparation

• 오븐은 180℃로 예열한다.
• 발효 버터는 실온에 미리 꺼내두어 말랑말랑한 포마드 상태로 준비한다.
• 땅콩은 프라이팬에 볶거나 160℃ 오븐에서 10분 정도 구운 뒤, 칼로 다져서 준비한다.
• 생크림은 전자렌지에 10~20초 돌려 미지근하게 준비한다.
• 바닐라빈은 칼로 가운데를 길게 갈라 칼등으로 씨만 긁어 준비한다.

바닐라 쇼트브레드

1 볼에 발효 버터를 넣고 가볍게 풀고 슈거파우더, 소금, 바닐라빈 씨, 바닐라 에센스를 넣고 뽀얗게 될 때까지 휘핑한다.

2 체 친 중력분과 전분을 넣고 주걱으로 날가루가 보이지 않을 때까지 섞어 반죽을 만든다.

3 베이킹 매트 위에 반죽을 옮기고, 한 덩어리로 살짝 뭉친 다음 위에 테플론 시트를 한 장 더 올리고 밀대를 이용해 5mm 두께로 평평하게 민다.

4 1시간 정도 냉장고에서 휴지시킨 후, 다시 꺼내어 6cm 크기의 원형 쿠키 커터로 찍어 팬에 팬닝한다.

캐러멜 땅콩 필링

5 180℃로 예열된 오븐에서 약 12분간 굽는다.

6 냄비에 물엿과 설탕 30g을 넣고 중불로 천천히 녹인다.

48

7 나머지 설탕을 넣어 완전히 녹인 후, 약불에서 졸인다.

8 살짝 타는 향이 나면서 캐러멜 색이 나면 불에서 내리고, 살짝 데운 생크림을 붓고 주걱으로 잘 저어 매끈하게 섞는다.

9 다시 약불에 올리고 소금을 넣은 다음 굳어 있는 캐러멜이 없도록 깨끗하게 녹인다.

10 캐러멜을 체에 내리고 온기가 없어질 때까지 실온에서 완전히 식힌다.

11 식힌 캐러멜에 발효 버터를 나누어 넣으며 핸드믹서로 크림처럼 휘핑한 다음 볶은 땅콩 다진 것을 넣고 고르게 섞는다.

샌딩하기

12 캐러멜 땅콩 필링을 짤주머니에 담아 완전히 식은 바닐라 쇼트브레드 위에 짜고 짝을 맞춰 윗면을 덮는다.

레몬 베리즈 블론드 브라우니 바
Lemon Berries Blond Brownie Bar

상큼한 과일과 화이트초콜릿의 부드러움은 언제나 잘 어울린다. 새콤한 베리를 넣어 구운
촉촉하고 부드러운 브라우니 위에 레몬 커드가 올라간 예쁜 색감의 화이트초콜릿 브라우니 바.

크림블

레몬 커드

체리

라즈베리

블론드 브라우니

　　21cm × 12cm 브라우니 1개

╱ 크림블
발효 버터 35g
설탕 40g
달걀 15g
박력분 45g
레몬제스트 1/2개 분량

╱ 베리즈 블론드 브라우니
화이트초콜릿 66g
발효 버터 84g

중력분 50g
베이킹파우더 0.4g
설탕 74g
달걀 74g
냉동 라즈베리 70g
냉동 체리 40g

╱ 레몬 커드
우유 188g
설탕 110g

전분 25g
발효 버터 40g
레몬즙 80g
레몬제스트 1개 분량
달걀노른자 60g
판 젤라틴 4g

Preparation

- 오븐은 160℃로 예열한다.
- 발효 버터는 실온에 미리 꺼내두어 말랑말랑한 포마드 상태로 준비한다.
- 판 젤라틴은 물에 불린 뒤 키친타월에 올려 물기를 빼놓는다.
- 달걀은 미리 꺼내 실온상태로 준비한다.

1 볼에 발효 버터를 넣고 핸드믹서로 풀어준 다음 설탕을 넣고 섞는다.

2 달걀을 2~3번 나누어 넣으며 섞는다.

3 체 친 박력분과 레몬제스트를 넣고 주걱으로 날가루가 보이지 않을 때까지 가볍게 섞어 한 덩어리로 래핑한 후 냉장고에서 30분 이상 휴지시킨다.

베리즈 블론드 브라우니

4 볼에 화이트초콜릿과 발효 버터를 넣고 중탕으로 완전히 녹인 후 휘퍼로 섞는다.

5 달걀과 설탕을 넣고 섞은 다음 체 친 중력분과 베이킹파우더를 섞어 하나의 반죽을 만든다.

6 21cm × 12cm 무스틀에 반죽을 평평하게 담고 냉동 라즈베리와 체리를 골고루 담은 다음 ③을 손으로 잘게 떼어 전체적으로 뿌린다.

7 160℃로 예열된 오븐에서 1시간 정도 굽고 다 구워지면 오븐에서 꺼내 완전히 식힌다.

tip 꼬치로 찔렀을 때 반죽이 묻어나오지 않으면 다 구워진 상태다.

레몬 커드

8 냄비에 우유 94g과 설탕을 넣고 약불에 올려 설탕을 녹인다.

9 볼에 전분과 남은 우유를 섞은 다음 ⑧에 발효 버터와 함께 넣고 버터가 완전히 녹을 때까지 저어가며 끓인다.

10 레몬즙과 레몬제스트, 달걀노른자를 넣고 걸쭉한 농도가 생길 때까지 계속 저어가며 끓인다.

11 불에서 내리고 미리 불려 물기를 빼놓은 판 젤라틴을 넣고 녹인 다음 체에 내린 뒤 한 김 식힌다.

12 ⑪을 식혀 놓은 브라우니 위에 붓고 냉동실에서 3시간 이상 굳힌 다음 먹기 좋은 크기로 자른다.

솔티드 캐러멜 피낭시에
Salted Caramel Financier

소금의 감칠맛은 피낭시에의 단맛을 한층 더 끌어올린다. 태운 발효 버터의 진한 풍미와
천일염이 만들어 내는 깊은 감칠맛, 달콤 쌉쌀한 캐러멜의 조화가 훌륭한 디저트.

Ingredients
36g 피낭시에 약 16개

╱ **캐러멜 아파레유**
설탕 19g
생크림 38g
발효 버터 4g
천일염 4g

╱ **솔티드 캐러멜 피낭시에**
발효 버터 160g
달걀흰자 160g
설탕 150g
박력분 60g

아몬드파우더 60g
베이킹파우더 2g

Preparation

• 오븐은 185℃로 예열한다.
• 발효 버터는 실온에 미리 꺼내두어 말랑말랑한 포마드 상태로 준비한다.
• 생크림은 미지근하게 준비하거나 살짝 데운다.

캐러멜 아파레유

1 냄비에 설탕을 넣고 중불에 올려 천천히 녹이면서 캐러멜라이즈한다.

2 불에서 내린 다음 미지근한 생크림을 2~3번 나누어 넣고 섞어 하나로 만든다.

tip 이때 뜨거운 수증기가 갑자기 올라오므로 데이지 않게 조심하며 섞는다.

솔티드 캐러멜 피낭시에

3 다시 약불에 올려 덩어리진 캐러멜이 없을 때까지 매끈하게 녹인 다음, 발효 버터와 천일염을 넣어 녹인다.

4 냄비에 발효 버터를 넣고 중불에 올려 끓인다.

5 냄비 주변에 살짝 그을음이 생기기 시작하면 잘 저으면서 발효 버터를 태운다.

6 위 표면의 거품이 헤이즐넛 색이 나면 불을 끄고 한 김 식힌다.

7 볼에 달걀흰자를 넣고 풀어준 뒤, 설탕을 넣고 섞는다.

8 체 친 박력분, 아몬드파우더, 베이킹파우더를 넣고 뭉치지 않게 휘퍼로 빠르고 가볍게 섞는다.

9 한 김 식힌 태운 버터 ⑥을 넣고 휘퍼로 매끈하게 섞는다.

tip 수분이 많은 반죽과 유분인 버터가 하나로 잘 섞이도록 꼼꼼하게 섞는다.

10 캐러멜 아파레유 ③을 넣고 섞은 다음 냉장고에서 하루 정도 휴지시킨다.

11 짤주머니에 ⑩을 담아 피낭시에틀에 짠다.

12 185℃로 예열된 오븐에서 14분 정도 굽는다.

tip 틀에 그대로 두면 수분이 날아가서 퍽퍽해지므로 꺼내자마자 틀을 엎어 피낭시에를 빼내고 식힘망에 정리해 식힌다.

블루치즈 허니콤 피낭시에

Blue Cheese Honeycomb Financier

독특한 맛과 향이 있는 블루치즈와 환상의 콤비인 허니콤을 함께 즐길 수 있는
매력적인 피낭시에. 바삭함과 촉촉함, 두 가지 식감이 입맛을 사로잡으며 짭조름한 맛과
달콤한 맛이 적절한 균형을 이룬다.

블루치즈 ———
허니콤

——— 피낭시에

Ingredients — 34g 피낭시에 약 20개

발효 버터 160g
달걀흰자 160g
설탕 150g
박력분 60g

아몬드파우더 60g
베이킹파우더 2g
블루치즈 30g

블루치즈 조각 약 20개
허니콤 적당량

Preparation

• 오븐은 185℃로 예열한다.
• 발효 버터는 실온에 미리 꺼내두어 말랑말랑한 포마드 상태로 준비한다.

1 냄비에 발효 버터를 넣고 중불에 올려 끓인다.

2 냄비 주변에 살짝 그을음이 생기기 시작하면 잘 저어주면서 발효 버터를 태운다.

3 위 표면의 거품이 헤이즐넛 색이 나면 불을 끄고 한 김 식힌다.

4 볼에 달걀흰자를 넣고 풀어준 뒤, 설탕을 넣고 섞는다.

5 체 친 박력분, 아몬드파우더, 베이킹파우더를 넣고 뭉치지 않게 휘퍼로 빠르고 가볍게 섞는다.

6 한 김 식힌 태운 버터 ③을 넣고 매끈하게 섞는다.

7 블루치즈를 넣고 섞은 다음 냉장고에서 하루 정도 휴지시킨다.

8 짤주머니에 ⑦을 담아 피낭시에틀에 짜고, 185℃로 예열된 오븐에서 14분 정도 굽는다.

9 구운 피낭시에는 틀을 벗겨 식힘망에서 완전히 식힌 다음 허니콤과 블루치즈 조각을 올린다.

CHEF'S TOUCH

• 구워서 바로 먹으면 겉은 바삭, 속은 촉촉한 식감을 즐길 수 있고, 래핑하거나 보관용기에 담아 하루 정도 숙성시키면 전체적으로 촉촉한 식감을 맛볼 수 있다.

• 발효 버터의 풍미는 바로 구워져 나왔을 때가 가장 좋다.

라임 라벤더 마들렌

Lime Lavender Madeleine

상큼한 라임과 향긋한 라벤더 향의 부드러운 조화가 새로운 마들렌. 입안을 부드럽게 감싸며
사르르 녹는 라임 글레이즈를 입혀 차와 곁들이면 완벽한 티 푸드가 된다.

라임 글레이즈

> **Ingredients**　30g 마들렌 약 18개

／ 라임 라벤더 마들렌
발효 버터 78g
달걀 67g
달걀노른자 15g
꿀 14g

설탕 57g
소금 1g
박력분 78g
베이킹파우더 2.2g
라임제스트 1개 분량

라벤더 티 1g
／ 라임 글레이즈
슈거파우더 150g
라임즙 60g

> **Preparation**

- 오븐은 185℃로 예열한다.
- 발효 버터는 실온에 미리 꺼내두어 말랑말랑한 포마드 상태로 준비한다.
- 중탕물을 끓여 준비한다.
- 라벤더 티는 곱게 갈아 준비한다.

1 냄비에 발효 버터를 넣고 중불에 올려 녹인다.

2 볼에 달걀, 달걀노른자를 풀고 꿀, 설탕, 소금을 넣고 휘퍼로 섞는다.

3 체 친 박력분, 베이킹파우더를 넣고 뭉치지 않게 휘퍼로 빠르고 가볍게 섞는다.

4 녹인 버터 ①을 넣고 휘퍼로 매끈하게 섞는다.

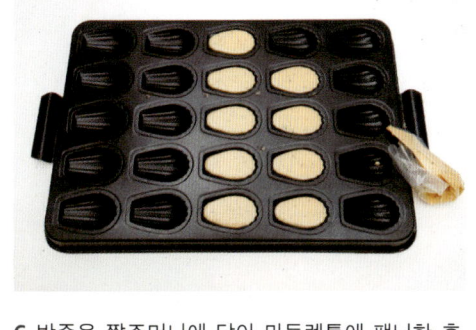

5 라임제스트와 라벤더 티 간 것을 넣고 섞어 냉장고
에서 하루 정도 휴지시킨다.

tip 과일제스트나 티가 들어가는 마들렌은 특히 휴지가
중요하다. 향이 우러나도록 충분히 휴지시킨 후 굽는다.

6 반죽을 짤주머니에 담아 마들렌틀에 팬닝한 후,
185℃로 예열된 오븐에 넣고 약 14분 간 굽는다.

tip 가운데가 봉긋하게 올라오고 테두리가 노릇노릇해
지면 다 구워진 상태다.

〈 라임 글레이즈 〉

7 슈거파우더에 라임즙을 섞어 라임 글레이즈를 만든다.

8 완전히 식힌 마들렌을 식힘망 위에 올리고 ⑦을 뿌
린 뒤 실온에서 굳힌다.

CHEF'S TOUCH

• 구워서 바로 먹어도 좋지만 하루 정도 숙성시키면 더 깊은 풍미와 촉촉함을 즐길 수 있다.

초콜릿 갈레트 브루통
Chocolate Gallette Bretonne

프랑스 브루타뉴 지방의 유명한 쿠키 갈레트 브루통, 버터 함량이 높아 풍부한 버터의 풍미를
한껏 즐길 수 있다. 만들기 간단하면서도 그 자체로 고급스런 느낌을 낼 수 있는 구움과자로
한쪽을 초콜릿으로 코팅한 후 카카오닙을 뿌리면 좀 더 고급스럽게 연출할 수 있다.

초콜릿

카카오닙

Ingredients 지름 6cm 쿠키 약 20개

갈레트 브루통
발효 버터 250g
마다가스카르 바닐라빈 1개
슈거파우더 162g
소금 3g
달걀노른자 72g

박력분 215g
중력분 125g
베이킹파우더 1.5g
다크 럼 12g
겉에 바를 달걀노른자 약 50g
커피 농축액 2g

초콜릿 코팅
55% 다크초콜릿 50g
소금 1g
카카오닙 적당량

Preparation

• 오븐은 150℃로 예열한다.
• 발효 버터는 실온에 미리 꺼내두어 말랑말랑한 포마드 상태로 준비한다.
• 바닐라빈은 칼로 가운데를 길게 갈라 칼등으로 씨만 긁어 준비한다.

1 볼에 발효 버터와 마다가스카르 바닐라빈 씨를 넣고
핸드믹서로 풀어준 다음 슈거파우더와 소금을 넣고
섞는다.

2 달걀노른자를 2번 나누어 넣고 핸드믹서로 매끈하
게 섞은 다음 체 친 박력분과 중력분, 베이킹파우더
를 넣고 주걱으로 날가루가 보이지 않을 때까지 섞
는다.

3 다크 럼을 넣고 섞어 하나의 반죽으로 뭉친다

4 테플론 시트로 반죽을 옮긴다. 테플론 시트를 한 장
더 올리고 1cm 두께로 민 다음 30분 정도 냉동실에
서 휴지시킨다.

5 반죽을 냉동실에서 꺼내 지름 6cm 원형 무스틀로 찍은 뒤 팬에 팬닝하고, 겉에 바를 달걀노른자와 커피 농축액을 섞어 붓으로 윗면에 바른다.

6 포크로 무늬를 내고 원형 무스틀 안에 발효 버터를 발라 반죽에 씌운 다음 150℃로 예열된 오븐에서 35분 정도 굽는다.

tip 틀을 씌우지 않고 구우면 반죽이 퍼져 모양이 망가지므로 꼭 틀을 씌워 굽는다.

초콜릿 코팅

7 다 구워지면 틀을 벗겨 완전히 식힌다.

8 다크초콜릿을 템퍼링한 다음 소금을 넣어 녹이고 갈레트 브루통의 한쪽 면에 묻힌 뒤, 위에 카카오닙을 살짝 뿌린다.

CHEF'S TOUCH

• 갈레트 브루통은 버터의 부드러움과 촉촉함을 즐기는 쿠키다. 딱딱해지지 않도록 너무 오래 굽지 않고 약간 밝은 골든 브라운 색이 나면 오븐에서 꺼낸다.

올리브 블랙페퍼 스콘

Olive Black Pepper Scone

요즘은 담백한 스콘 못지않게 짭짤한 살레 스콘이 인기다.
짭짤하면서도 진한 풍미가 매력적인 올리브와 그와 잘 어울리는 블랙페퍼가 들어간
스콘으로 아침식사나 브런치로도 든든하게 즐길 수 있다.

크러쉬드 블랙페퍼 ──────   ────── 블랙올리브

Ingredients   지름 6cm 스콘 약 10개

박력분 92g	소금 0.7g	우유 17g
파마산 치즈 가루 20g	크러쉬드 블랙페퍼 0.7g	사워크림 10g
설탕 25g	발효 버터 46g	반으로 자른 블랙올리브 40g
베이킹파우더 3.3g	달걀 14g	달걀노른자 약 30g

Preparation

• 오븐은 170℃로 예열한다.
• 모든 재료는 냉장고에 보관하여 차게 준비한다.
• 발효 버터는 1cm 크기로 깍둑썰기한 다음 냉장고에 차게 보관한다.

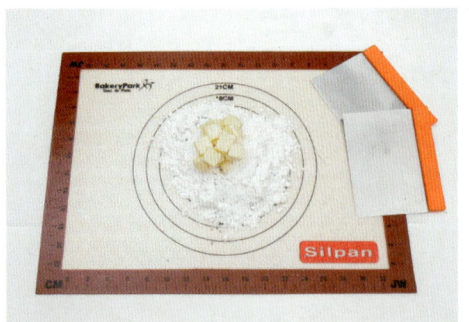

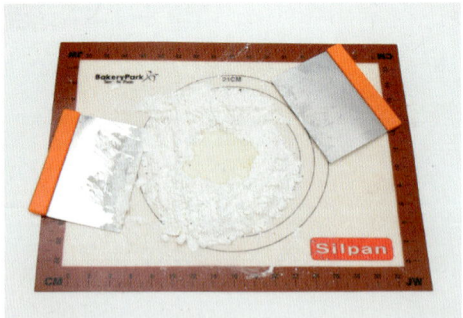

1 베이킹 매트 위에 체 친 박력분, 파마산 치즈 가루, 설
  탕, 베이킹파우더, 소금, 크러쉬드 블랙페퍼, 발효 버
  터를 올리고 스크래퍼로 버터를 잘게 다지며 섞는다.
  tip 발효 버터가 녹지 않도록 시원한 곳에서 빠르게 작
  업한다.

2 가운데 동그란 홈을 판 다음 달걀, 우유, 사워크림을
  넣고 스크래퍼로 액체가 흐르지 않도록 잘 다져서
  날가루가 없이 보슬보슬해질 때까지 섞는다.

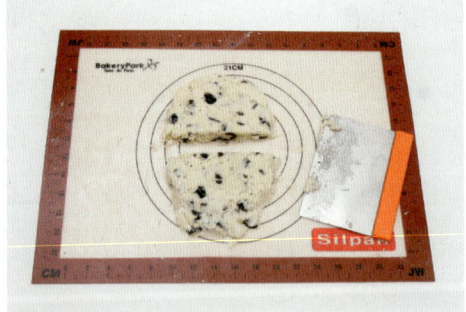

3 반으로 자른 블랙올리브를 넣고 가볍게 섞는다.

4 반죽을 뭉쳐 한 덩어리로 만들고 스크래퍼로 반을
  자른다.

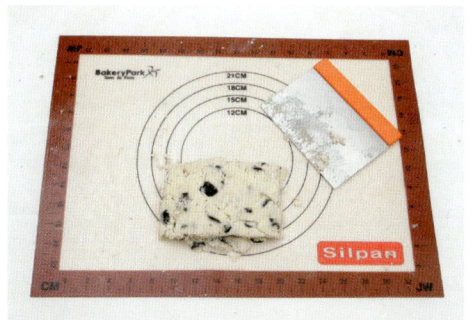

5 자른 반죽을 다른 반죽 위로 겹친 다음 손으로 눌러 하나로 뭉친다. ④~⑤의 작업을 4~5번 정도 반복한다.

tip 이 작업을 반복하면 스콘의 결이 살아나 예쁜 모양이 나온다.

6 반죽을 래핑하여 냉장고에서 4시간 정도 휴지시킨다.

7 휴지시킨 반죽을 꺼내 3cm 두께로 밀고 원형 주름 쿠키 커터로 찍어 팬닝한 다음 윗면에 달걀노른자를 얇게 바른다.

tip 스콘 옆면에 달걀노른자가 묻으면 잘 부풀지 않으므로 윗면에만 바른다.

8 170℃로 예열된 오븐에서 약 10분간 굽는다.

CHEF'S TOUCH

• 반죽을 미리 만들어 냉동 보관해두면 먹고 싶을 때마다 자연 해동한 뒤 구울 수 있어 편리하다. 스콘은 구운 뒤 바로 먹어야 훨씬 맛있고 버터 향과 식감을 제대로 느낄 수 있다.

갈릭 차이브 크림치즈 스콘

Garlic Chive Cream Cheese Scone

'양파의 작은 동생'이라고 불리는 톡 쏘면서 향긋한 차이브와 오래 볶아 고소함이 베어 나온 마늘,
부드러운 크림치즈의 조합은 계속 손이 가는 맛을 만들어낸다.
만들 때의 향부터 구운 후의 풍미까지 맛있는 스콘으로 식사대용으로도 좋다.

크림치즈 스콘

마늘

차이브

> **Ingredients**   삼각형 스콘 약 20개

강력분 138g	생크림 57g	올리브유 적당량
베이킹파우더 10g	우유 37g	겉에 바를 달걀흰자 약 30g
설탕 30g	크림치즈 40g	겉에 바를 설탕 약 30g
소금 1g	마늘 30g	
발효 버터 30g	차이브 5g	

> **Preparation**

- 오븐은 190℃로 예열한다.
- 발효 버터와 크림치즈는 0.8cm 크기로 깍둑썰기하여 냉장고에 차게 보관한다.
- 마늘은 세로로 6등분하고, 차이브는 1cm 길이로 자른다.

1 프라이팬에 올리브유를 살짝 두르고, 세로로 6등분
한 마늘을 넣은 다음 중불에서 갈색이 될 때까지 천
천히 볶는다.

2 볶은 마늘을 키친타월을 깐 팬에 옮겨 식힌다.

3 볼에 발효 버터와 체 친 강력분, 베이킹파우더, 설탕,
소금을 넣고 손으로 비벼 보슬보슬하게 만든다.

4 우유와 생크림을 넣고 주걱으로 가볍게 섞는다.
   <u>tip</u> 너무 많이 치대면서 섞으면 글루텐이 생겨 구웠을
때 바삭한 식감이 되지 않고 딱딱해진다.

5 볶은 마늘 ②와 깍둑썰기한 차가운 크림치즈, 1cm 길이로 자른 차이브를 넣고 가볍게 섞어 반죽한다.

6 반죽을 한 덩어리로 뭉쳐 납작하게 편 뒤 래핑해 냉장고에서 하루 정도 휴지시킨다.

7 반죽을 2cm 두께로 민 다음 삼각형으로 잘라 팬닝하고 겉에 바를 달걀흰자와 설탕을 섞어 윗면에 바른다.

8 190℃로 예열된 오븐에서 16분 정도 굽는다.

CHEF'S TOUCH

• 녹지 않은 차가운 상태의 버터로 빠르게 만들어야 보슬보슬하게 버터가 살아있는 바삭한 식감의 스콘을 만들 수 있다. 여름에는 실내 온도를 차게 유지하고 차가운 바닥에서 반죽한다.

마카다미아 호두 당근 파운드 케이크
Macadamia Walnut Carrot Pound Cake

고소한 마카다미아와 호두를 넣고 구운 당근 파운드 케이크로
겉면에 누구나 좋아하는 크림치즈 크림을 샌딩하고 화이트초콜릿을 코팅해
특별한 부드러움과 촉촉함을 더했다.

마카다미아

크림치즈 크림

화이트초콜릿 코팅

파운드 케이크

〉 **Ingredients** 〉 9cm × 21cm 높이 6.5cm 파운드 케이크 2개 ────────

╱ 케이크 반죽
발효 버터 140g
슈거파우더 150g
달걀노른자 224g
박력분 49g
아몬드파우더 105g
헤이즐넛파우더 105g
통밀 가루 105g
베이킹파우더 5.6g

시나몬 가루 5.6g
달걀흰자 245g
설탕 140g
다진 당근 84g
다진 호두 42g
다진 마카다미아 50g

╱ 크림치즈 크림
크림치즈 150g
바닐라 에센스 6~7방울

설탕 30g
꿀 10g
생크림 20g

⊕ 호두 적당량
　마카다미아 적당량
　화이트초콜릿

〉 **Preparation** 〉

· 오븐은 180℃로 예열한다.
· 발효 버터는 실온에 미리 꺼내두어 말랑말랑한 포마드 상태로 준비한다.
· 달걀노른자, 크림치즈, 생크림은 미리 꺼내 실온상태로 준비한다.

케이크 반죽

1 볼에 발효 버터를 넣고 가볍게 풀어준 후, 슈거파우더를 넣고 뽀얗게 휘핑한다.

2 달걀노른자를 3번 정도 나누어 넣고 핸드믹서로 매끈하게 섞는다.

3 체 친 박력분, 아몬드파우더, 헤이즐넛파우더, 통밀가루, 베이킹파우더, 시나몬 가루를 넣고 주걱으로 윤기가 날 때까지 섞는다.

4 다른 볼에 달걀흰자를 넣고 한 번 풀어준 후, 설탕을 3번 나누어 넣으며 잘 녹이고 뿔이 단단하고 뾰족하게 서는 머랭을 만든다.

5 ③에 ④의 머랭을 2번 나누어 넣으며 주걱으로 거품이 죽지 않도록 가볍게 섞는다.

6 다진 당근, 다진 호두, 다진 마카다미아를 넣고 골고루 섞는다.

tip 호두, 마카다미아의 크기가 크면 무거워 반죽 바닥에 가라앉게 된다. 구웠을 때 케이크 아래쪽으로 몰리지 않도록 꼭 잘게 다진다.

크림치즈 크림

7 부쉬 드 노엘 틀에 팬닝한 뒤 180℃로 예열된 오븐에서 40분 정도 굽는다. 다 구워지면 오븐에서 꺼내 완전히 식힌다.

tip 꼬치로 찔러보았을 때 반죽이 묻어나오지 않으면 다 구워진 상태다.

8 볼에 크림치즈와 바닐라 에센스를 넣고 부드럽게 풀어준 뒤 설탕과 꿀을 넣고 섞는다.

완성하기

9 생크림을 핸드믹서 날에 붙고 살짝 뿔이 생기는 80% 정도로 휘핑한 다음 ⑧에 넣고 섞는다.

10 파운드 케이크의 윗면을 평평하게 자르고 뒤집는다. 겉면에 스패튤라로 크림치즈 크림을 균일하게 아이싱한다.

11 크림치즈 크림을 바른 겉면 중간 중간 호두와 마카다미아를 박는다.

12 화이트초콜릿을 템퍼링하여 파운드 케이크에 전체적으로 붓고 그대로 잠시 두어 굳힌다.

tip 템퍼링한 초콜릿은 그대로 두어도 자연히 굳기 때문에 냉장고에 넣을 필요가 없다.

레몬 파운드 케이크
Lemon Pound Cake

반투명한 레몬 글레이즈를 씌워 마무리한 심플하면서도 예쁜 사각 파운드 케이크.
레몬 과육과 레몬필, 레몬농축액, 레몬제스트가 들어가 레몬의 상큼함을 그대로 느낄 수 있다.

머랭 쿠키

레몬 글레이즈

파운드 케이크

> **Ingredients** 　9cm × 21cm 높이 6.5cm 파운드 케이크 2개

/ **케이크 반죽**
발효 버터 240g
마지팬 150g
설탕 179g
꿀 8g
달걀 184g

달걀노른자 50g
박력분 180g
아몬드파우더 20g
베이킹파우더 2.9g
레몬 40g
레몬 필 80g

레몬 농축액 20g
레몬제스트 1개 분량

/ **레몬 글레이즈**
슈거파우더 150g
레몬즙 40g

> **Preparation**

• 오븐은 130℃로 예열한다.
• 발효 버터는 실온에 미리 꺼내두어 말랑말랑한 포마드 상태로 준비한다.
• 달걀, 달걀노른자는 미리 꺼내 실온상태로 준비한다.
• 레몬은 껍질을 벗겨 과육만 준비한다.

1 볼에 발효 버터를 넣고 핸드믹서로 부드럽게 풀어준
  후, 마지팬과 설탕, 꿀을 넣고 뽀얗게 휘핑한다.

2 달걀, 달걀노른자를 풀고 ①에 조금씩 나누어 넣으
  며 휘핑한다.

3 체 친 박력분, 아몬드파우더, 베이킹파우더를 넣고
  주걱으로 날가루가 보이지 않을 때까지 섞는다.

4 레몬 과육, 레몬 필, 레몬 농축액, 레몬제스트를 넣
  고 골고루 섞는다.
  tip 다양한 레몬 재료들이 고르게 섞일 수 있도록 주걱으
  로 볼 아래에서부터 위로 올려가며 가볍게 섞는다. 단 너
  무 많이 섞으면 글루텐이 형성될 수 있으므로 주의한다.

5 틀에 패닝하고 주걱으로 윗면을 평평하게 정리해 반죽을 밀착시킨다.

6 130℃로 예열된 오븐에서 약 60분간 굽는다. 다 구 워지면 오븐에서 꺼내고 바로 틀에서 빼내 식힘망 에 올린다.

〈 레몬 글레이즈 〉

7 슈거파우더에 레몬즙을 섞어 레몬 글레이즈를 만든다.

8 아직 따뜻한 파운드 케이크 위에 ⑦을 붓는다.

tip 머랭 쿠키 등을 올려 장식하면 좀 더 완성도 있는 마무리를 할 수 있다.

CHEF'S TOUCH

• 마지팬이 들어간 파운드 케이크는 1~2일 정도 숙성시키면 더 촉촉해진다. 완전히 식힌 후 밀폐용기 에 보관했다가 먹으면 훨씬 더 부드럽고 촉촉한 식감을 맛볼 수 있다.

더티 초콜릿 체리 파운드 케이크
Dirty Chocolate Cherry Pound Cake

다크초콜릿과 그리오트 체리 향이 가득한 진한 파운드 케이크.
깔끔하고 단정한 초콜릿 코팅 위에 거칠게 뿌려진 코코아파우더가 와일드한 매력을 뽐낸다.

초콜릿 코팅

그리오트 체리

| Ingredients | 6cm × 13cm 높이 4.5cm 미니 파운드 6개 |

⁄ 케이크 반죽
70% 다크초콜릿 250g
발효 버터 250g
달걀 220g
흑설탕 130g
설탕 110g

중력분 175g
베이킹파우더 2.3g
코코아파우더 35g
사워크림 20g
그리오트 체리 90g
키르슈 30g

⁄ 초콜릿 코팅
70% 다크초콜릿 300g
⊕ 코코아파우더 적당량

Preparation

• 오븐은 160℃로 예열한다.
• 발효 버터는 실온에 미리 꺼내두어 말랑말랑한 포마드 상태로 준비한다.
• 중탕물을 끓여 준비한다.
• 달걀은 미리 꺼내 실온상태로 준비한다.

1 볼에 다크초콜릿과 발효 버터를 넣고 중탕으로 녹인
   후 저어서 미지근하게 식힌다.

2 다른 볼에 달걀, 흑설탕, 설탕을 넣고 매끈하게 섞은
   다음 ①에 넣고 섞는다.

3 체 친 중력분과 베이킹파우더, 코코아파우더를 넣고
   주걱으로 날가루가 보이지 않을 때까지 섞는다.

4 사워크림과 그리오트 체리를 넣고 섞는다.

5 틀에 팬닝하고 160℃로 예열된 오븐에서 약 45분간
굽는다.

<u>tip</u> 꼬치로 찔렀을 때 반죽이 묻어나오지 않으면 다 구
워진 상태다.

6 다 구워지면 오븐에서 꺼내 틀에서 빼낸 후, 파운드
겉면에 붓으로 키르슈를 바르고 완전히 식힌다.

〈 초콜릿 코팅 〉

7 다크초콜릿을 템퍼링하여 파운드 케이크에 붓고 초
콜릿이 굳으면 코코아파우더를 뿌린다.

CHEF'S TOUCH

• 일반 냉동 체리나 건 체리를 사용할 수도 있지만 풍미에서 차이가 난다. 깊고 진한 풍미를 위해서는
고급 리큐어에 담겨 있는 그리오트 체리를 사용하는 것이 가장 좋다.

Class 2

슈 × 에클레어

바삭한 슈와 부드러운 크림이 어우러져
온몸 가득 기분 좋은 달콤함이 퍼지는 디저트.
차 한 잔과 함께 사랑하는 이들과 나눌 달달한 시간을 굽다.

기본 반죽
&
기본 크림 알아두기

슈 반죽 Choux

달걀, 버터, 밀가루, 우유를 기본으로 하는 반죽으로 짜는 모양과 조립하는 모양에 따라 슈, 에클레어, 생토노레, 파리 브레스트 등 다양한 베이킹을 할 수 있다. 반죽을 짜서 구우면 높은 열과 그 안에 생기는 수증기로 가운데가 비면서 크게 부푼다.

파티시에 크림 Crème pâtissière

우유와 달걀노른자, 설탕, 밀가루나 전분을 섞어 가열해 만드는 크림으로 주로 바닐라빈을 넣어 부드럽고 은은한 풍미로 만든다. 버터 크림이나 샹티 크림, 이탈리안 머랭 등을 섞어서 다양한 크림으로 응용하여 사용할 수 있다.

디플로마트 크림 Crème diplomate

파티시에 크림에 생크림 휘핑한 것을 섞어 만드는 크림으로 진하고 묵직한 파티시에 크림보다 조금 더 부드럽고 가벼운 식감을 가지고 있다.

슈 반죽

Ingredients

전체 반죽 분량 약 200g

물 40g
우유 40g
발효 버터 40g
설탕 2g
소금 1g
박력분 40g
달걀 70g

1 냄비에 물, 우유, 발효 버터, 설탕, 소금을 넣고 약불에서 버터가 다 녹고 전체적으로 바글바글 끓을 때까지 끓인다.

2 불을 끄고 체 친 박력분을 넣은 다음 주걱으로 날가루가 보이지 않을 때까지 젓는다.

3 다시 불에 올려 눌어붙지 않게 주걱으로 빠르게 젓고 반죽이 부드러워지면서 살짝 익으면 불에서 내린다.

tip 구웠을 때 속이 깨끗하게 비어 있는 예쁜 슈를 만들려면 불에 올려 충분히 저어주어야 한다. 불에 올려 너무 짧은 시간을 저으면 구웠을 때 속이 깨끗하게 비지 않고 그 물막같이 채워진다.

4 볼에 반죽을 모두 옮기고 핸드믹서로 한 번 휘핑해 열을 한 김 뺀다. 달걀을 풀어 볼에 나누어 넣으며 매끈한 윤기가 날 때까지 섞는다.

tip 달걀을 넣었을 때 달걀이 익지 않도록 반죽의 열을 충분히 뺀다.

5 짤주머니에 담아 준비한다.

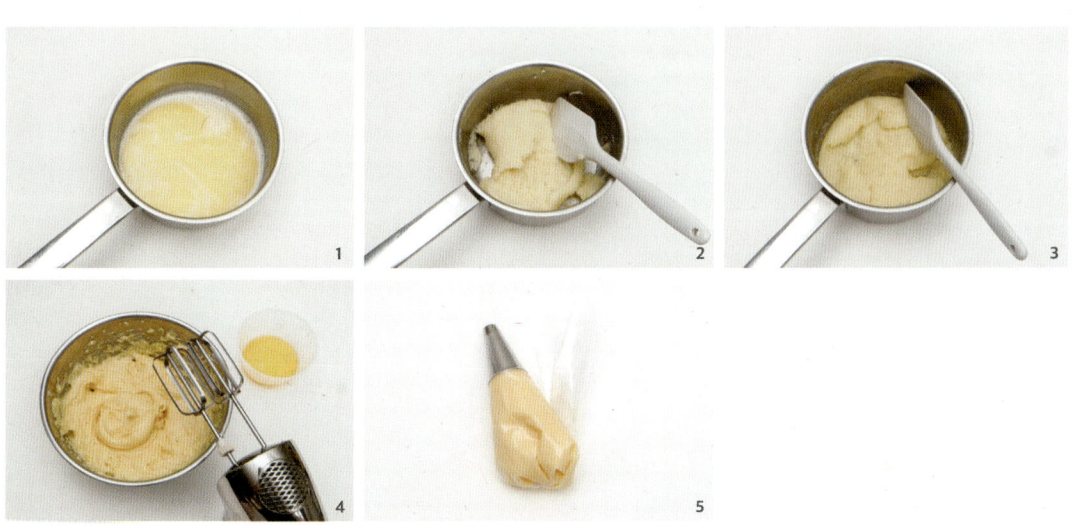

파티시에 크림

Ingredients

우유, 마다가스카르 바닐라빈, 달걀노른자, 설탕, 박력분, 전분, 발효 버터로 만드는 기본 크림. 샹티 크림, 차이티 등을 첨가해 활용하기도 하므로 각각의 레시피마다 필요한 용량에 차이가 있다. 정확한 개별 용량은 각 레시피의 *Ingredients* 페이지를 참고한다.

1 냄비에 우유를 담고 바닐라빈 씨와 껍질을 모두 넣고 중불에 올려 테두리가 살짝 끓어오를 때까지 끓인다.
　tip 바닐라빈은 칼로 가운데를 길게 갈라 칼등으로 씨를 긁어낸다.

2 볼에 달걀노른자, 설탕을 넣고 섞은 다음 체 친 박력분과 전분을 넣고 주걱으로 섞는다.

3 ②에 ①을 1/2 정도 넣어 섞고 다시 냄비로 옮겨 하나로 섞는다.

4 강불에 올려 타지 않게 주걱으로 부지런히 저으며 끓인다.

5 바닥이 보글보글 끓으면 불을 끄고 발효 버터를 넣고 매끈하게 섞은 다음 체에 내려 한 김 식힌다.

6 크림 위에 랩을 밀착시켜 씌우고 냉장고에서 차게 식힌다.

디플로마트 크림

Ingredients

파티시에 크림과 생크림, 마스카르포네 치즈, 다크 럼으로 만드는 기본 크림으로 각각의 레시피마다 필요량이 다르다. 정확한 개별 용량은 각 레시피의 *Ingredients* 페이지를 참고한다.

1 차갑게 식은 파티시에 크림을 주걱으로 덩어리 없이 매끈하게 푼다.

2 볼에 생크림, 마스카르포네 치즈, 다크 럼을 넣고 주걱으로 풀어준 후, 핸드믹서로 단단하게 뿔이 생기고 질감이 거칠어지기 시작하는 90% 정도로 휘핑한다.

   tip 다크 럼은 키르슈 등 각 제품에 맞는 다른 리큐어로 대체할 수 있다.

3 ①에 ②를 넣고 주걱으로 가볍게 섞어 하나로 만든다.

바닐라 쿠키 슈
Vanilla Cookie Choux

마다가스카르 바닐라빈을 사용해 한층 더 진한 맛과 풍미를 뽐내는
디플로마트 크림이 가득 들어간 쿠키 슈. 위에 올려진 샹티 크림이 풍성함을 주고
모자처럼 살짝 올려진 작은 슈가 재미를 더한다.

슈

샹티 크림

디플로마트 크림

> Ingredients   바닐라 쿠키 슈 6개

슈 반죽 약 200g
만드는 법 93쪽 참고

쿠키 반죽
발효 버터 50g
바닐라빈 1/2개
설탕 50g
박력분 50g

파티시에 크림
우유 255g

마다가스카르 바닐라빈 1개
달걀노른자 40g
설탕 50g
박력분 10g
전분 15g
발효 버터 80g

디플로마트 크림
생크림 100g
마스카르포네 치즈 10g

다크 럼 8g

샹티 크림
생크림 100g
마스카르포네 치즈 12g
설탕 10g
다크 럼 3g

⊕ 데코스노우 적당량

> Preparation

· 오븐은 200℃로 예열한다.
· 발효 버터는 실온에 미리 꺼내두어 말랑말랑한 포마드 상태로 준비한다.
· 바닐라빈은 칼로 가운데를 길게 가르고 칼등으로 씨를 긁어 준비한다.

1 볼에 발효 버터와 바닐라빈 씨를 넣고 핸드믹서로 풀어준 후, 설탕과 체 친 박력분을 넣고 섞어 한 덩어리의 반죽으로 만든다.

2 밀대로 살짝 밀고 래핑한 다음 냉장고에서 2시간 휴지시킨다.

3 휴지된 반죽을 꺼내 3mm 두께로 밀고, 6cm 원형 커터로 찍어낸 다음 냉장고에 보관한다.
tip 커터로 찍은 쿠키 반죽을 실온에 두면 녹기 때문에 슈 반죽에 올려 굽기 전까지 냉장고에 넣어 둔다.

4 팬에 슈 반죽(만드는 법 93쪽 참고)을 지름 6cm 원형 크기로 짠다.

5 슈 반죽 위에 쿠키 반죽을 하나씩 올리고 200℃ 오븐에서 약 14분 구운 후, 160℃로 낮춰 25분 정도 더 굽는다. 동그랗게 부풀고 전체적으로 노릇노릇해지면 오븐에서 꺼내 완전히 식힌다.

6 냄비에 우유와 긁어낸 바닐라빈 씨, 껍질을 넣고 불에 올려 테두리가 살짝 끓어오를 때까지 끓인다.

7 볼에 달걀노른자, 설탕을 넣고 섞은 다음 체 친 박력분과 전분을 넣고 주걱으로 섞는다.

8 ⑦에 ⑥을 1/2 정도 넣어 섞고 다시 냄비로 옮겨 하나로 섞는다.

9 강불에 올려 타지 않게 주걱으로 부지런히 저으며 끓인다.

10 바닥이 보글보글 끓으면 불을 끄고 발효 버터를 넣어 매끈하게 섞은 다음 체에 내려 한 김 식힌다.

11 밀착 래핑해 냉장고에서 차게 식힌다.

⟨ 디플로마트 크림 ⟩

12 차갑게 식은 파티시에 크림을 주걱으로 덩어리 없이 매끈하게 푼다.

13 볼에 생크림, 마스카르포네 치즈, 다크 럼을 넣고
주걱으로 풀어준 후, 핸드믹서로 단단하게 뿔이 생
기고 질감이 거칠어지기 시작하는 90% 정도로 휘
핑한다.

14 ⑫에 ⑬을 넣고 주걱으로 가볍게 섞어 하나로 만든다.

〈 샹티 크림 〉

15 볼에 생크림, 마스카르포네 치즈, 설탕, 다크 럼을
넣고 주걱으로 풀어준 후, 핸드믹서 날에 붙고 살
짝 뿔이 생기는 80% 정도로 휘핑한다.

〈 완성하기 〉

16 웨이브칼로 완전히 식힌 슈의 위에서 1/3 지점을
부서지지 않게 유의하면서 수평으로 자른다.

17 짤주머니에 디플로마트 크림를 담고 자른 슈의 아
랫부분을 가득 채운다.

18 짤주머니에 샹티 크림을 담고 ⑰위에 동글동글하
게 짠 후, 자른 슈의 윗부분을 올린다.

19 데코스노우를 살짝 뿌려 마무리한다.

CHEF'S TOUCH

• 시간이 지나면 슈가 눅눅해지므로 바삭한 슈의 식감을 제대로 즐기려면 먹기 바로 전에 차가운 크림
을 채운다.

피스타치오 레드커런트 를리지외즈

Pistachio Red Currant Religieuse

를리지외즈는 프랑스어로 수녀를 뜻한다.
슈 두 개를 쌓고 사이에 버터 크림을 짜서 장식한 모습이 수녀를 닮아 붙여진 이름이다.
고소한 피스타치오 크림과 레드커런트 콩포트의 조합이 근사하다.

피스타치오 페이스트

레드커런트 콩포트

파스타치오 크림

Ingredients   를리지외즈 2개

/ **슈 반죽 약 200g**
만드는 법 93쪽 참고

/ **쿠키 반죽**
발효 버터 50g
바닐라빈 1/2개
설탕 50g
박력분 50g

/ **피스타치오 크림**
우유 115g

달걀노른자 10g
설탕 17g
전분 7g
가루 젤라틴 1g
찬물 7g
피스타치오 페이스트 25g
발효 버터 35g
키르슈 5g

/ **피스타치오 페이스트 반죽**
마지팬 60g

피스타치오 페이스트 4g
녹색 색소 적당량

/ **레드커런트 콩포트**
설탕 15g
펙틴 4g
레드커런트 퓨레 67g
레몬즙 10g
꿀 15g

⊕ 미로와 조금

Preparation

• 오븐은 200℃로 예열한다.   • 발효 버터는 실온에 미리 꺼내두어 말랑말랑한 포마드 상태로 준비한다.
• 가루 젤라틴은 찬물에 섞어 불리고, 설탕과 펙틴은 미리 섞어 준비한다.
• 바닐라빈은 길로 가운데를 길게 갈라 길등으로 씨만 긁어 준비한다.

1 볼에 발효 버터와 바닐라빈 씨를 넣고 핸드믹서로 풀어준 후, 설탕과 체 친 박력분을 넣고 섞어 한 덩어리의 반죽으로 만든다.

2 밀대로 살짝 밀고 래핑한 다음 냉장고에서 2시간 휴지시킨다.

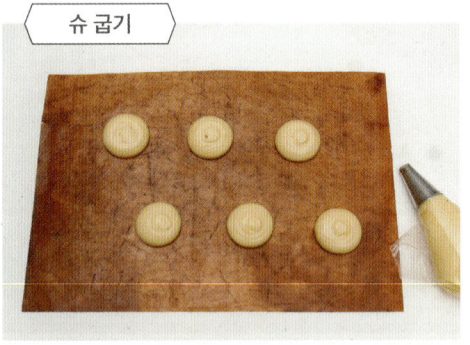

3 휴지된 반죽을 꺼내 3mm 두께로 밀고, 6cm 원형 쿠키 커터와 3cm 원형 쿠키 커터로 찍어낸 다음 냉장고에 보관한다.

4 팬에 슈 반죽(만드는 법 93쪽 참고)을 지름 6cm, 3cm 원형 크기로 짠다.

5 슈 반죽 위에 쿠키 반죽을 하나씩 올리고 200℃ 오븐에서 약 14분 구운 후, 160℃로 낮춰 25분 정도 더 굽는다. 동그랗게 부풀고 전체적으로 노릇노릇해지면 오븐에서 꺼내 완전히 식힌다.

6 냄비에 우유를 넣고 살짝 데운다.

7 볼에 달걀노른자와 설탕을 넣고 설탕이 뭉치지 않게 충분히 섞은 후 전분을 넣고 섞는다.

8 ⑦에 ⑥을 넣고 섞은 다음 다시 냄비에 옮겨 담고, 불에 올린다.

9 강불에서 되직한 농도가 될 때까지 저어가며 끓인 다음 불에서 내리고 미리 찬물에 불려 놓은 가루 젤라틴을 넣어 녹인다.

10 체에 깨끗하게 내리고 한 김 식힌 다음 피스타치오 페이스트와 발효 버터, 키르슈를 넣고 섞는다.

11 밀착 래핑하여 냉장고에서 차게 식힌다.

피스타치오 페이스트 반죽

12 볼에 마지팬과 피스타치오 페이스트, 녹색 색소를 넣고 섞어 한 덩어리의 반죽을 만든다.

13 베이킹 매트에 옮겨 밀대로 평평하게 펴고 래핑해 냉장고에서 30분 정도 굳힌다.

레드커런트 콩포트

14 냄비에 레드커런트 퓨레, 레몬즙, 꿀을 넣고 중불에 올린다. 살짝 끓으면 미리 섞어둔 설탕과 펙틴을 넣는다.

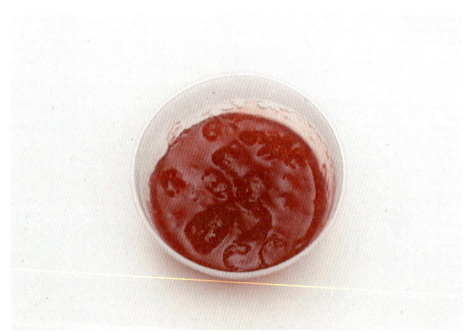

15 설탕과 펙틴이 녹고 전체적으로 보글보글 끓으면 불에서 내려 한 김 식힌 후 냉장고에서 차갑게 식힌다.

완성하기

16 짤주머니에 피스타치오 크림을 담고, 슈 바닥에 각각 깍지로 구멍을 낸 다음 크림을 2/3 정도 채운다.

17 짤주머니에 레드커런트 콩포트를 담아 슈의 나머지 1/3을 채운다.

18 ⑬을 냉장고에서 꺼내 7cm, 4cm 원형 쿠키 커터로 자른다. 속을 채운 슈 위에 미로와를 조금 바르고 자른 반죽을 올린다.

19 조금 큰 슈 위에 미로와를 한 번 더 바르고 작은 슈와 레드커런트를 올려 마무리한다.

오렌지 망고 캐러멜 생토노레
Orange Mango Caramel Saint-Honoré

달콤한 캐러멜 커드 크림이 채워진 슈에 오렌지색 옷을 입히고,
바삭하게 구운 브리제 위에 망고 젤리와 슈, 오렌지 샹티 크림을 올려 완성한 귀여운 생토노레.
손이 많이 가는 만큼 맛과 식감이 다채로워 많은 사랑을 받는 디저트다.

폰당

캐러멜 커드

오렌지 샹티 크림

브리제

망고 젤리

| Ingredients | 생토노레 2개 |

슈 반죽 약 200g
만드는 법 93쪽 참고

브리제 반죽 120g
만드는 법 179쪽 참고

망고 젤리
망고 퓨레 25g
패션프루트 퓨레 13g
설탕 5g
레몬즙 2g
판 젤라틴 1.7g

캐러멜 커드
우유 112g
바닐라빈 1/2개
설탕 23g
달걀노른자 27g
박력분 13g
다크 럼 6g
캐러멜 아파레유 35g _ 55쪽 참고

폰당
화이트폰당 100g
18보메 시럽 13g

오렌지색 색소 적당량

오렌지 샹티 크림
생크림 150g
오렌지제스트 1개 분량
바닐라빈 1/2개
마스카르포네 치즈 30g
설탕 20g
쿠앵트로 6g

⊕ 오렌지 필 조금
초콜릿 장식 조금

Preparation

• 오븐은 200℃로 예열한다.
• 바닐라빈은 킬모 가운데를 길게 갈라 칼등으로 씨를 긁어 준비한다.

1 팬에 슈 반죽(만드는 법 93쪽 참고)을 지름 3cm 크기로 짜고 200℃로 예열된 오븐에서 약 14분 구운 후, 160℃로 낮춰서 25분 굽는다. 다 구워지면 오븐에서 꺼내 완전히 식힌다.

2 브리제 반죽(만드는 법 179쪽 참고)을 밀대로 4mm 두께로 밀고 피케롤러나 포크로 구멍을 낸다.

망고 젤리

3 지름 10cm 원형 쿠키 커터로 찍어 팬닝하고 170℃로 예열된 오븐에서 약 20분간 굽는다.

4 냄비에 망고 퓨레, 패션프루트 퓨레, 설탕, 레몬즙을 넣고 약불에서 설탕이 녹을 정도로 살짝 끓인 다음 미리 불려 물기를 뺀 판 젤라틴을 넣고 녹인다.

캐러멜 커드

5 3cm 원형 실리콘틀에 ④를 붓고 냉동실에서 2시간 이상 굳힌다.

6 볼에 달걀노른자와 설탕을 넣고 설탕이 살짝 녹을 때까지 섞은 후, 체 친 박력분을 넣고 하나로 섞는다.

7 냄비에 우유, 긁어낸 바닐라빈 씨와 껍질을 넣어 살짝 데우고 ⑥에 부어 하나로 섞는다.

8 다시 냄비에 옮겨 담고 주걱으로 저으며 강불에서 끓인다. 바닥이 끓는 것을 확인하면 체에 내리고 냉장고에서 완전히 차게 식힌다.

9 차게 식은 캐러멜 커드를 주걱으로 덩어리 없이 풀고 캐러멜 아파레유(만드는 법 56쪽 참고)와 다크 럼을 넣고 섞는다.

폰당

10 볼에 잘게 자른 화이트폰당과 18보메 시럽을 넣고 중탕으로 따뜻하게 데운다.

tip 온도가 40℃가 넘으면 윤기가 사라지므로 주의한다.

11 오렌지색 색소를 넣고 주걱으로 섞는다.

12 체에 깨끗하게 내린다.

오렌지 샹티 크림

13 볼에 생크림, 오렌지제스트, 긁어낸 바닐라빈 씨와 껍질을 넣고 중탕으로 오렌지제스트와 바닐라빈 향을 우린다.

14 래핑한 다음 냉장고에서 하루 정도 숙성한다.

15 바닐라빈 껍질은 건져내고 마스카르포네 치즈, 설탕, 쿠앵트로를 넣어 단단하게 뿔이 생기고 질감이 거칠어지기 시작하는 90% 정도로 휘핑한다.

완성하기

16 짤주머니에 캐러멜 커드를 담고 완전히 식은 슈의 바닥에 깍지로 구멍을 낸 다음 커드를 채운다.

17 ⑫의 폰당에 슈의 1/3정도를 살짝 담갔다 빼 동그랗게 묻힌 후 똑바로 두고 굳힌다.

tip 폰당은 사용하기 전에 잘 풀어주는 것이 중요하다. 단단하면 온도를 살짝 올려주거나 18보메 시럽을 약간 추가해 섞는다.

18 브리제 위에 캐러멜 커드를 조금 짜고 망고 젤리를 올린 다음 다시 캐러멜 커드를 동그랗게 짠다.

19 동그랗게 짠 캐러멜 커드의 세 면에 슈를 붙인 다음 짤주머니에 오렌지 샹티 크림을 담아 아래에서 위로 올리면서 바짝 짜 슈 끼리 붙인다.

20 오렌지 샹티 크림을 동그랗게 2번 돌려 짜고 맨 위에 남은 슈를 올린다.

21 냉장고에서 1시간 정도 굳힌 뒤 초콜릿 장식과 오렌지 필을 올려 마무리한다.

CHEF'S TOUCH

• 생토노레 1개당 총 4개의 슈가 필요하다. 2개 분량이므로 총 8개의 슈를 만들면 되지만 예쁘지 않게 구워질 수도 있으므로 반죽을 약간 여유 있게 짜서 굽는다.

• 모든 슈 제품이 그렇듯, 생토노레도 만든 당일에 먹어야 가장 맛있다. 특히 폰당을 씌운 슈는 하루가 지나면 냉장고 수분에 녹아 흘러내리기 때문에 만들어서 바로 먹거나 선물하는 것이 좋다.

다크초콜릿 라즈베리 에클레어
Dark Chocolate Raspberry Eclair

길쭉하게 짜서 구운 슈에 산미가 있는 70% 다크초콜릿을 사용해 단맛을 줄인 크림과
씨를 씹는 식감이 즐거운 라즈베리 콩포트로 속을 채운 에클레어.
맛은 물론 초코 크럼블과 초코 가나슈, 라즈베리를 이용한 장식이 눈을 즐겁게 한다.

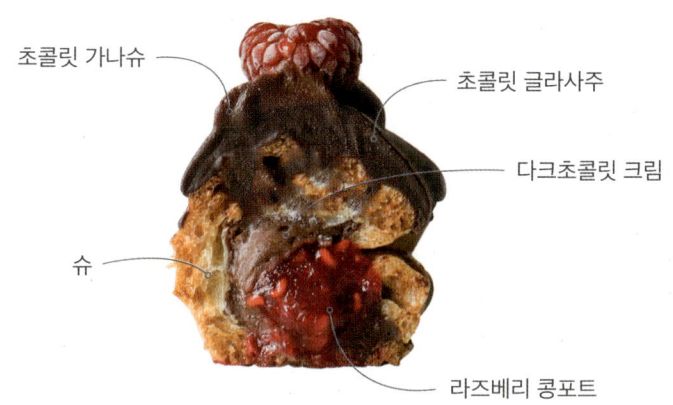

초콜릿 가나슈
초콜릿 글라사주
다크초콜릿 크림
슈
라즈베리 콩포트

> ### Ingredients
길이 10cm 에클레어 8개

／ 슈 반죽 약 200g	**／ 라즈베리 콩포트**	**／ 초콜릿 가나슈**
만드는 법 93쪽 참고	설탕 15g	70% 다크초콜릿 20g
／ 다크초콜릿 크림	펙틴 3g	생크림 20g
우유 150g	냉동 라즈베리 67g	발효 버터 5g
달걀노른자 23g	레몬즙 10g	라즈베리리큐어 4g
설탕 23g	**／ 초코 크럼블**	**／ 초콜릿 글라사주**
전분 8g	발효 버터 25g	70 % 다크초콜릿 70g
70% 다크초콜릿 50g	박력분 23g	파트 아 글라세 다크초콜릿 70g
발효 버터 35g	아몬드파우더 33g	물엿 25g
라즈베리리큐어 8g	코코아파우더 7g	카놀라유 25g
	소금 0.5g	
	설탕 34g	

> ### Preparation

- 오븐은 170℃로 예열한다.
- 발효 버터는 실온에 미리 꺼내두어 말랑말랑한 포마드 상태로 준비한다.
- 실딩과 펙틴은 미리 섞어놓는나.

슈 굽기

다크초콜릿 크림

1 팬에 슈 반죽(만드는 법 93쪽 참고)을 10cm 길이로 짜고 170℃로 예열된 오븐에서 약 20분 구운 후, 160℃로 낮춰 25분 정도 더 굽는다. 전체적으로 부풀고 노릇노릇해지면 오븐에서 꺼내 완전히 식힌다.

2 냄비에 우유를 넣고 약불로 데운다.

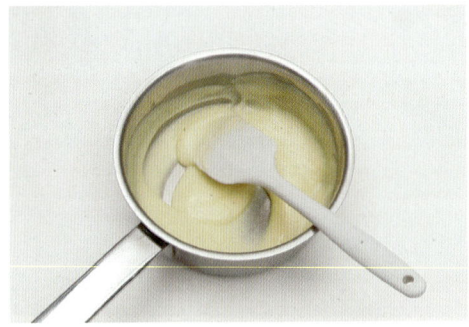

3 볼에 달걀노른자와 설탕을 넣고 설탕이 뭉치지 않게 충분히 섞은 후, 전분을 넣고 섞는다.

4 ③에 ②를 넣고 섞은 다음 다시 냄비에 옮겨 담고, 강불에 올려 되직한 농도가 날 때까지 저으며 끓인다.

5 다크초콜릿을 다져 넣고, 다크초콜릿이 다 녹으면 불에서 내려 한 김 식힌다.

6 발효 버터를 넣어 매끈하게 섞고 라즈베리리큐어를 넣고 섞은 후 체에 내린다.

7 밀착 래핑하여 냉장고에서 차게 식힌다.

라즈베리 콩포트

8 냄비에 냉동 라즈베리, 레몬즙을 넣고 중불에 올린다. 살짝 끓으면 미리 섞어둔 설탕과 펙틴을 넣는다.

9 설탕과 펙틴이 다 녹고 전체적으로 보글보글 끓으면 불에서 내리고 한 김 식혀 냉장고에서 차갑게 식힌다.

초코 크럼블

10 볼에 발효 버터를 풀고 체 친 박력분과 아몬드파우더, 코코아파우더, 소금, 설탕을 넣고 주걱으로 날가루가 보이지 않는 보슬보슬한 상태까지 섞는다.

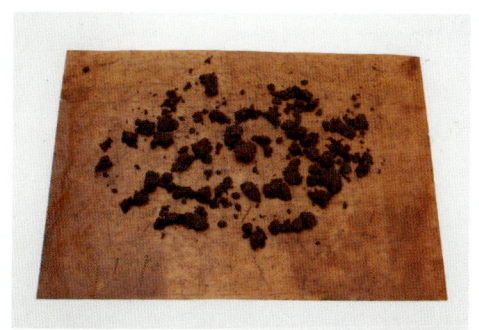

11 냉장고에서 30분 정도 휴지시킨 다음 팬에 펼쳐 담고 150℃로 예열된 오븐에 약 13분간 굽는다.

초콜릿 가나슈

12 볼에 다크초콜릿과 생크림을 넣고 중탕으로 녹인다.

117

13 미지근하게 식으면 휘퍼로 매끈하게 섞고 발효 버
터를 넣고 섞는다.

14 라즈베리리큐어를 넣어 섞은 뒤 줄줄 흐르지 않고
약간 되직한 정도가 될 때까지 실온에서 식힌다.

완성하기

15 앞이 뾰족한 깍지를 이용해 완전히 식은 에클레어
뒷면에 작은 구멍을 3개 낸다.

16 짤주머니에 다크초콜릿 크림을 담고 에클레어의
2/3 정도를 채운다.

17 짤주머니에 라즈베리 콩포트를 담아 에클레어의
나머지 1/3을 채운다.

초콜릿 글라사주

18 볼에 다크초콜릿과 파트 아 글라세 다크초콜릿을
넣고 중탕으로 녹인다.

19 물엿을 넣고 휘퍼로 섞는다.

20 카놀라유를 넣고 휘퍼로 매끈하게 섞은 후 바닥 아래까지 잘 섞이도록 주걱으로 한 번 더 섞는다.

21 에클레어 윗면에 초콜릿 글라사주를 바르고 굳힌다.

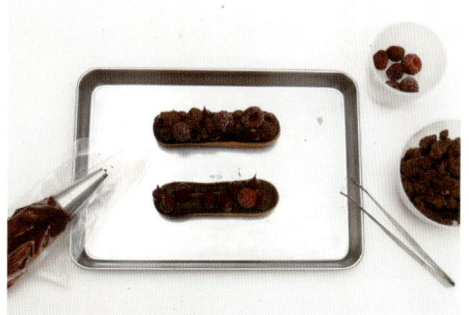

22 초코 가나슈를 짤주머니에 담아 에클레어 위에 짜고, 완전히 식은 초코 크럼블과 라즈베리를 올린다.

CHEF'S TOUCH

• 달지 않은 초코 에클레어를 원할수록 카카오 함량이 높은 다크초콜릿을 사용한다. 55% 다크초콜릿 보다 60%, 70% 다크초콜릿이 단맛이 덜하다. 취향에 따라 선택해 사용한다.

차이 양배 에클레어

Chai Pear Eclair

계피, 카다몸, 정향, 생강의 은은한 향을 느낄 수 있는 차이티를 우유에 우려 만든
차이 파티시에 크림이 들어간 특별한 에클레어. 달콤한 캐러멜라이즈 양배의 말캉한 식감이
기분을 좋게 만들고 차이 파티시에 크림과 시나몬 샹티 크림이 입안을 부드럽게 감싼다.

아몬드 크럼블

시나몬 샹티 크림

캐러멜라이즈 양배

차이 파티시에 크림

> **Ingredients**   길이 10cm 에클레어 8개

/ 슈 반죽 약 200g
만드는 법 93쪽 참고

/ 차이 파티시에 크림
우유 110g
생크림 15g
차이티 8g
설탕 30g
달걀노른자 25g
박력분 5g
전분 10g

발효 버터 15g

/ 캐러멜라이즈 양배
설탕 30g
물 15g
다진 양배 30g
발효 버터 6g
다크 럼 5g

/ 시나몬 샹티 크림
생크림 60g

마스카르포네 치즈 15g
설탕 8g
시나몬 가루 1g
코냑 2g

/ 아몬드 크럼블
발효 버터 120g
설탕 90g
중력분 105g
아몬드파우더 39g

> **Preparation**

- 오븐은 170℃로 예열한다.
- 발효 버터는 실온에 미리 꺼내두어 말랑말랑한 포마드 상태로 준비한다.

1 팬에 슈 반죽(만드는 법 93쪽 참고)을 10cm 길이로 짜고 170℃로 예열된 오븐에서 약 20분 구운 후, 160℃로 낮춰 25분 정도 더 굽는다. 전체적으로 부풀고 노릇노릇해지면 오븐에서 꺼내 완전히 식힌다.

2 냄비에 우유, 생크림, 차이티를 넣고 살짝 끓인 후 뚜껑을 덮고 5분간 우린다.

3 볼에 달걀노른자, 설탕을 넣고 설탕이 살짝 녹을 정도로 섞은 다음 체 친 박력분과 전분을 넣고 섞는다.

4 ③에 ②를 체에 내려 넣고 하나로 섞는다.

5 다시 냄비에 옮겨 담고 강불에서 바닥이 보글보글 끓을 때까지 농도를 낸 후, 발효 버터를 넣고 녹인다.

6 체에 내린 다음 밀착 래핑하고 차게 식힌다.

캐러멜라이즈 양배

7 냄비에 설탕과 물을 넣고 중불로 녹여 캐러멜라이즈한 후, 다진 양배를 넣고 양배에 캐러멜이 밸 수 있도록 졸인다.

8 발효 버터를 넣어 녹인 다음 다크 럼을 넣고 섞는다. 불에서 내리고 냉장고에서 차게 식힌다.

시나몬 샹티 크림

9 볼에 생크림, 마스카르포네 치즈, 설탕을 넣고 핸드믹서 날에 붙고 살짝 뿔이 생기는 80% 정도로 휘핑한다.

10 시나몬 가루와 코냑을 넣고 잘 섞이도록 가볍게 휘핑한 다음 짤주머니에 담는다.

아몬드 크럼블

11 볼에 발효 버터, 설탕, 중력분, 아몬드파우더를 넣고 날가루가 보이지 않는 보슬보슬한 상태까지 손으로 비빈다.

12 냉장고에서 30분 정도 휴지시킨 다음 팬에 펼쳐 담고 160℃로 예열된 오븐에서 약 10분간 굽는다.

완성하기

13 에클레어의 윗부분 1/3을 잘라내고, 주걱으로 차이 파티시에 크림을 풀어준 뒤 짤주머니에 담아 에클레어의 속을 2/3 정도 채운다.

14 ⑬의 에클레어 속에 캐러멜라이즈 양배를 넣고 위에 시나몬 샹티 크림을 짠다.

15 차이 파티시에 크림을 빈 공간에 짜고 아몬드 크럼블과 캐러멜라이즈 양배를 올려 마무리한다.

CHEF'S TOUCH

• 우유에 차이티를 너무 오래 우리면 쓴맛이 강해진다. 진하게 맛을 내고 싶다면 차이티의 양을 늘린다.

파리 브레스트
Paris Brest

백여 년 전 프랑스의 자전거 경주 'Paris-Brest-Paris'를 기념하기 위해 만들어졌다는
바퀴 모양을 닮은 파리 브레스트. 프티 사이즈로 즐겨도 좋은 디저트로
헤이즐넛의 풍미가 가득한 진한 프랄리네 크림과 슈의 바삭함이 행복을 듬뿍 불러온다.

슈

프랄리네 크림

헤이즐넛 가나슈

<table>
<tr><td>Ingredients</td><td>파리 브레스트 3개</td></tr>
</table>

슈
슈 반죽 약 400g _ 93쪽 참고
다진 헤이즐넛 20g
퓌유틴 10g
카카오닙 10g

헤이즐넛 가나슈
55% 다크초콜릿 70g

생크림 70g
헤이즐넛 페이스트 35g
다크 럼 7g

프랄리네 크림
생크림 200g
마스카르포네 치즈 80g
설탕 18g

헤이즐넛 페이스트 72g
다크 럼 8g
⊕ 구운 헤이즐넛 적당량

Preparation

• 오븐은 200℃로 예열한다.
• 헤이즐넛은 160℃ 오븐에서 10분 정도 미리 구워 둔다.

1 팬에 슈 반죽(만드는 법 93쪽 참고)을 지름 12cm 원형 크기로 2바퀴 짜고, 위에 한 번 더 원형으로 둘러 짠다.
<u>tip</u> 모두 같은 두께로 짠다.

2 분무기에 물을 담아 반죽에 뿌리고 포크로 반죽 옆면을 아래에서 위로 올려주며 모양을 잡는다.

3 다진 헤이즐넛, 푀유틴, 카카오닙을 뿌리고 200℃로 예열된 오븐에서 약 14분 구운 후, 160℃로 낮춰서 25분 정도 더 굽는다.

4 전체적으로 부풀고 가운데 안쪽까지 노릇노릇해지면 오븐에서 꺼내 완전히 식힌다.

헤이즐넛 가나슈

5 볼에 다크초콜릿과 헤이즐넛 페이스트를 넣고 중탕으로 녹인다.

6 생크림을 살짝 데워 ⑤에 넣고 매끈하게 섞는다. 다크 럼을 넣고 한 번 더 섞은 다음 주르륵 흐르지 않고 약간 되직한 정도가 될 때까지 식힌다.

프랄리네 크림

7 볼에 생크림, 마스카르포네 치즈, 설탕을 넣고 핸드
믹서 날에 붙고 살짝 뿔이 생기는 80% 정도로 휘핑
한다.

8 다른 볼에 헤이즐넛 페이스트, 다크 럼, ⑦의 1/4을
넣고 섞는다.

9 ⑧을 ⑦에 모두 넣고 섞는다. 다시 단단하게 뿔이 생
기고 질감이 거칠어지기 시작하는 90% 정도로 휘
핑한 다음 짤주머니에 담는다.

완성하기

10 슈를 가로로 반 가르고 아랫부분 슈에 프랄리네 크
림을 채우고, 짤주머니에 헤이즐넛 가나슈를 담아
동글동글하게 짠다.

11 프랄리네 크림을 헤이즐넛 가나슈 안쪽과 바깥쪽
을 따라 원형으로 아래에서 위로 올려 짠 후 윗부
분 슈를 올린다.

12 위에 데코스노우를 뿌리고 옆면 크림 부분에 취향
껏 구운 헤이즐넛을 장식한다.
  tip 초콜릿 장식을 더하면 더 멋스러운 파리 브레스트
  가 된다.

Class 3

CAKE

케이크

오후의 따사로운 햇살처럼 마음을 감싸는 부드럽고 포근한 디저트.
누구나 좋아하는 쇼트케이크부터 치즈 케이크, 시폰 케이크까지,
지친 일상을 따뜻하게 보듬는 포근한 위로 한 조각을 굽다.

기본 반죽
&
기본 크림 알아두기

바닐라 제누아즈 Vanilla génoise

달걀을 휘핑했을 때 공기가 재료 안으로 모이는 성질을 이용하여 만드는 케이크 시트다. 구우면 부풀어 오르면서 공기층을 많이 함유하게 되어 폭신하고 가벼우며 부드럽다. 많은 사람들이 좋아하는 쇼트케이크에 주로 사용되고 다른 재료들을 추가해 다양한 맛의 시트로 응용할 수 있다.

비스퀴 아라 퀴이에르 Biscuits à la cuillère

다양한 케이크와 디저트의 옆면과 바닥으로 쓰이며 프렌치 머랭, 달걀노른자, 밀가루나 아몬드파우더 등으로 만든다. 형태를 유지하는 머랭의 성질을 이용하여 원하는 모양으로 짜서 구울 수 있다. 주로 샤를로트를 만들 때 사용하고 겉은 바삭하고 속은 촉촉하면서도 폭신한 식감을 가지고 있다.

바닐라 제누아즈

Ingredients

지름 15cm 무스틀 1개 분량

달걀 140g
달걀노른자 40g
바닐라빈 1/2개
설탕 90g
꿀 20g
박력분 75g
전분 15g
발효 버터 15g
우유 20g

1 볼에 달걀과 달걀노른자를 넣고 섞는다.

2 바닐라빈 씨, 설탕, 꿀을 넣고 섞은 다음 중탕에서 저으며 35℃~37℃ 정도까지 온도를 올린다.

    tip 바닐라빈은 칼로 가운데를 길게 갈라 칼등으로 씨를 긁어낸다.

3 다른 볼에 발효 버터와 우유를 넣고 중탕으로 녹인다.

4 핸드믹서로 ②를 고속으로 뽀얗게 휘핑한다.

    tip 반죽으로 리본 모양을 그렸을 때 4~5초 정도 모양을 유지할 수 있을 때까지 휘핑한다.

5 핸드믹서의 속도를 낮춰 전체적으로 기포를 곱게 정리한다.

6 체 친 박력분과 전분을 넣고 주걱으로 섞은 다음 ③을 넣고 섞는다.

7 틀에 팬닝하고 170℃로 예열된 오븐에서 약 30분 굽는다.

비스퀴 아라 퀴이에르

Ingredients

지름 15cm 무스틀 1개 분량

달걀흰자 125g
설탕 100g
달걀노른자 80g
박력분 50g
전분 50g
슈거파우더 적당량

1 볼에 달걀흰자를 넣고 핸드믹서로 풀어준 후, 설탕을 3번 나누어 넣으며 뿔이 단단하고 뾰족하게 서는 머랭을 만든다.

2 달걀노른자를 풀고 ①에 3번 나누어 넣으며 빠르고 가볍게 섞는다.

tip 가벼운 볼륨감과 식감을 위해 사용하는 머랭은 유분에 약하다. 달걀노른자에 있는 유분 때문에 머랭이 죽지 않도록 최대한 가볍게 섞는다.

3 체 친 박력분과 전분을 넣고 주걱으로 날가루가 보이지 않을 때까지 섞어 반죽을 만든다.

4 짤주머니에 담아 지름 18cm 원형 크기로 둥글게 둘러 짜고, 8~10cm 길이로 쭉 붙여서 길게 일자로 짠다.

tip 팬에 원하는 크기를 밀가루로 표시해 두면 반죽을 짜기가 수월하다. 반죽은 원하는 크기와 모양으로 짜서 사용하면 된다.

5 위에 슈거파우더를 뿌린다. 1분 후 슈거파우더를 전체적으로 조금 더 넓게 한 번 더 뿌리고 190℃로 예열된 오븐에서 약 8분간 굽는다.

6 연한 갈색의 구움색이 나면 오븐에서 꺼내고 완전히 식힌다.

LOISIR.

망고 쇼트케이크
Mango Short Cake

누구나 좋아하는 일본식 과일 쇼트케이크로 부드럽고 탄력 있는 바닐라 제누아즈 안에
잘 익은 향긋한 생망고와 상큼한 망고 크림이 들어 있다. 하얀 크림 위에 올려진
보랏빛 식용팬지가 눈길을 사로잡고 아래에는 노란 빛깔의 달콤함이 가득한 디저트.

망고 소스

바닐라 제누아즈

샹티 크림

망고 생크림

생 망고

| Ingredients | 지름 15cm 케이크 1개 |

／ 바닐라 제누아즈
만드는 법 133쪽 참고

／ 망고 크림
망고 퓨레 40g
설탕A 10g
생크림 200g
마스카포네 치즈 30g
설탕B 28g
레몬리큐어 5g

／ 샹티 크림
생크림 150g
마스카르포네 치즈 12g
설탕 15g
화이트 럼 3g

／ 시럽
설탕 30g
물 60g
화이트 럼 5g

／ 망고 소스
망고 퓨레 50g
레몬즙 5g
설탕 20g
펙틴 1g
레몬리큐어 5g
⊕ 생망고 적당량

Preparation

• 중탕물을 끓여 준비한다.
• 설탕과 펙틴은 미리 섞어놓는다.
• 망고는 껍질을 깐 후 2cm 크기로 깍둑썰기한다.

1 지름 15cm 바닐라 제누아즈(만드는 법 133쪽 참고) 1개를 만든다.

망고 크림

2 냄비에 망고 퓨레와 설탕A를 넣고 약불에서 설탕이 녹을 때 까지 끓인 다음 차갑게 식힌다.

3 볼에 생크림, 마스카르포네 치즈, 설탕B, 레몬리큐어를 넣고 핸드믹서 날에 붙고 살짝 뿔이 생기는 80% 정도로 휘핑한다.

4 ③에 ②를 넣고 주걱으로 하나가 되게 섞는다.

샹티 크림

5 볼에 생크림, 마스카르포네 치즈, 설탕, 화이트 럼을 넣고 주걱으로 풀어준 후, 핸드믹서 날에 붙고 살짝 뿔이 생기는 80% 정도로 휘핑한다.

망고 소스

6 냄비에 망고 퓨레, 레몬즙, 미리 섞어둔 설탕과 펙틴, 레몬리큐어를 넣고 약불에서 살짝 끓여 농도를 내준 후 차갑게 식힌다.

7 냄비에 설탕과 물을 넣고 중불에서 설탕이 녹을 때까지 끓인다. 차갑게 식힌 다음 화이트 럼을 넣고 섞는다.

8 완전히 식은 바닐라 제누아즈를 1.5cm 두께로 3장 자른다.

9 돌림판 위에 바닐라 제누아즈 1장을 올리고 시럽을 바른다.

tip 일정한 두께로 샌딩하기 위해선 케이크가 돌림판의 정 가운데에 있어야 한다. 샌딩 전에 꼭 확인한다.

10 위에 망고 크림을 반만 샌딩하고 잘라둔 망고를 올린다. 그 위에 제누아즈 1장을 올리고 시럽과 망고 크림을 바르고 망고를 올린다.

11 마지막 제누아즈 1장을 올리고 시럽을 바른 다음 스패튤라의 양쪽 날을 모두 사용해 샹티 크림 2/3를 깨끗하게 샌딩한다.

tip 더운 날에는 생크림이 분리나기 쉽다. 더 안정적인 상태의 크림을 사용하려면 크림이 담긴 볼을 얼음물에 올려놓고 사용한다.

12 남은 샹티 크림 1/3을 짤주머니에 담아 쇼트케이크 위에 짜고, 미니 스포이드에 담은 망고 소스와 생망고로 장식한다.

tip 여러 가지 모양과 크기의 깍지를 활용해 다양한 모양을 만들어 본다.

초코 바나나 케이크

Chocolate Banana Cake

촉촉한 초코 시트 위에 부드러운 바나나와 진한 초콜릿 크림….
잘 익은 바나나와 초콜릿의 조합은 언제나 훌륭한 맛을 낸다.
평범한 듯 심플한 케이크 위에 초콜릿 가나슈를 씌우면 특별하고 고급스러운 디저트가 된다.

초콜릿 가나슈

바나나

초코 제누아즈

초콜릿 크림

> **Ingredients** 지름 15cm 케이크 1개

／ 초코 제누아즈
달걀 160g
달걀노른자 48g
설탕 120g
박력분 75g
전분 25g
코코아파우더 25g
발효 버터 15g

우유 20g
／ 초콜릿 크림
생크림A 190g
70% 다크초콜릿 68g
생크림B 68g
다크 럼 5g
／ 초콜릿 가나슈
70% 다크초콜릿 80g

생크림 80g
／ 시럽
설탕 20g
물 40g
70% 다크초콜릿 20g
다크 럼 5g
⊕ 잘 익은 바나나 2개

> **Preparation**

- 오븐은 170℃로 예열한다.
- 발효 버터는 실온에 미리 꺼내두어 말랑말랑한 포마드 상태로 준비한다.
- 중탕물을 끓여 준비하고 제누아즈틀에 유산지를 깐다.
- 껍질에 검은 반점들이 생기는 상태까지 잘 익은 바나나를 준비한다.

초코 제누아즈

1 볼에 달걀, 달걀노른자를 풀고 설탕을 넣어 섞은 뒤, 중탕에서 저으며 35℃~37℃ 정도까지 온도를 올린다.

2 다른 볼에 발효 버터와 우유를 넣고 중탕으로 녹인다.

3 핸드믹서로 ①을 고속으로 뽀얗게 휘핑한다.
tip 반죽으로 리본 모양을 그렸을 때 4~5초 정도 모양을 유지할 수 있을 때까지 휘핑한다.

4 핸드믹서의 속도를 낮추고 전체적으로 기포를 곱게 정리한 후 휘퍼로 한번 더 저어 바닥아래 기포까지 깔끔하게 정리한다.

5 체 친 박력분과 전분, 코코아파우더를 넣고 주걱으로 섞은 다음 ②를 넣고 섞는다.

6 팬에 팬닝한 후, 170℃로 예열된 오븐에서 약 30분간 굽는다.

7 냄비에 설탕과 물을 넣고 중불에서 설탕이 녹을 때까지 끓인 후, 불에서 내려 다크초콜릿을 넣어 녹이고 하나가 되도록 잘 섞는다.

8 차게 식힌 다음 다크 럼을 넣고 섞는다.

초콜릿 크림

9 볼에 다크초콜릿과 생크림A를 넣고 중탕으로 녹인다. 휘퍼로 가운데에서 가장자리 방향으로 저어 매끈하게 섞고 차게 식힌다.

10 볼에 생크림B와 다크 럼을 넣고 핸드믹서로 주르륵 흐르는 60% 정도로 휘핑한 후, ⑨를 넣고 빠르게 섞어 살짝 뿔이 생기는 80% 정도로 휘핑한다. 바닥 아래까지 잘 섞이도록 주걱으로 한 번 더 섞는다.

초콜릿 가나슈

11 볼에 다크초콜릿과 생크림을 넣어 중탕으로 녹이고 휘퍼로 가운데에서 가장자리 방향으로 저어서 매끈하게 섞는다.

완성하기

12 초코 제누아즈를 1cm 두께로 4장 자르고, 바나나는 슬라이스한다.

tip 바나나는 미리 잘라놓으면 색이 변하므로 샌딩하기 비로 전에 슬라이스힌다.

143

13 돌림판 위에 제누아즈 1장을 올리고 시럽을 바른 다음 만든 초콜릿 크림 1/5 정도를 바르고 위에 바나나를 올린다. 제누아즈 2장으로 똑같이 반복한다.

14 마지막 제누아즈 1장을 올리고 시럽을 바른 다음 남은 초콜릿 크림을 전체에 깨끗하게 샌딩하고 냉장고에서 30분 이상 굳힌다.

15 케이크 위에 초콜릿 가나슈를 전체적으로 부어 씌우고 주변에 흐른 가나슈를 정리한 다음 다시 냉장고에서 30분 이상 굳힌다.

말차 다쿠아즈 케이크
Matcha Dacquoise Cake

우지 말차를 사용한 쫄깃한 식감의 말차 다쿠아즈 위에 말차 크림을 샌딩하고
달달한 보늬밤을 더한 멋스러운 케이크. 진한 말차 향이 코끝을 감도는 디저트로 차와 잘 어울린다.

말차 가나슈
보늬밤
말차 생크림
말차 다쿠아즈

Ingredients 12cm × 21cm 케이크 1개

말차 다쿠아즈
아몬드파우더 91g
슈거파우더 91g
말차 가루 4g
박력분 11g
달걀흰자 186g
설탕 44g

말차 시럽
설탕 25g

물 50g
말차 가루 2g
화이트 럼 11g

말차 크림
생크림 267g
마스카르포네 치즈 22g
설탕 30g
말차 가루 6g

말차 가나슈
화이트초콜릿 100g
말차 가루 4g
생크림 90g
소금 0.4g
화이트 럼 10g

⊕ 보늬밤 140g
장식용 보늬밤 적당량

Preparation

• 오븐은 190℃로 예열한다.
• 설탕과 말차 가루는 미리 고르게 섞어놓는다.
• 보늬밤은 먹기 좋은 크기로 썬다.

1 달걀흰자를 살짝 휘핑한 다음 설탕을 2번 나누어 넣고 휘핑해 뿔이 단단하고 뾰족하게 서는 머랭을 만든다.

2 체 친 아몬드파우더, 슈거파우더, 말차 가루, 박력분을 넣고 주걱으로 날가루가 보이지 않을 때까지 가볍게 섞는다.

3 짤주머니에 담아 35cm × 22cm 팬에 사선으로 짠다.

4 위에 슈거파우더를 2번 뿌리고 190℃로 예열된 오븐에서 약 17분간 굽는다.

5 냄비에 물을 넣고 미리 고르게 섞어둔 설탕과 말차 가루를 넣고 중불에서 알갱이가 보이지 않을 때까지 살짝 끓인다.

6 불을 끄고 화이트 럼을 넣은 다음 차갑게 식힌다.

7 볼에 생크림과 마스카르포네 치즈를 넣고 주걱으로 푼다.

8 미리 고르게 섞어둔 설탕과 말차 가루를 넣고 핸드 믹서 날에 붙고 살짝 뿔이 생기는 80% 이상으로 휘 핑한다.

말차 가나슈

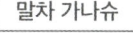

9 완성된 말차 크림을 짤주머니에 담아 준비한다.

10 볼에 화이트초콜릿과 말차 가루를 넣고 중탕으로 녹인 후, 주걱으로 한번 더 섞는다.

11 냄비에 살짝 데운 생크림과 소금을 넣고 휘퍼로 매 끈하게 섞는다.

12 화이트 럼을 넣고 섞은 후 실온에서 미지근하게 식 힌다.

13 잘 식은 말차 다쿠아즈를 12cm × 21cm 크기로 잘라 시트 2장을 만든 다음 무스틀에 1장을 넣는다.

14 무스틀 안에 넣은 말차 다쿠아즈 윗면에 말차 시럽을 바른다.

15 짤주머니에 말차 크림을 담아 말차 다쿠아즈 위에 2/3정도 평평하게 짜고 준비한 보늬밤을 전체적으로 고르게 뿌린다.

16 나머지 말차 다쿠아즈를 올리고 말차 크림을 짠다. 윗면을 스크래퍼로 평평하게 펴준 뒤 냉동실에서 30분 이상 굳힌다.

17 케이크를 꺼내 위에 말차 가나슈를 붓고 평평하게 펴준 뒤 다시 냉동실에서 2시간 이상 굳힌다.

CHEF'S TOUCH

- 냉동실에서 꺼내 먹기 좋은 크기로 자르고 보늬밤과 초콜릿 장식을 곁들이면 더 맛있게 즐길 수 있다.
- 시간이 지날수록 눅눅해질 수 있으므로 다쿠아즈의 바삭한 겉면과 쫄깃한 식감을 제대로 느끼려면 만든 당일에 먹는 게 가장 좋다.
- 우리나라 녹차를 사용해 만들어도 좋지만 일본 말차를 사용하면 더 선명하고 진한 초록 빛깔을 낼 수 있다.

무화과 살구 샤를로트
Fig Apricot Charlotte

상큼함을 뽐내는 살구와 늦여름에서 초가을 잠깐 동안 최고의 맛을 내는 달콤한 무화과,
부드러운 프로마주 블랑 무스가 폭신한 비스퀴 아라 퀴이에르에 담긴 샤를로트 케이크.

프로마주 블랑 무스

무화과 콩포트

살구 젤리

비스퀴 아라 퀴이에르

| Ingredients | 지름 15cm 케이크 1개 |

／비스퀴 아라 퀴이에르
만드는 법 134쪽 참고

／살구 젤리
살구 퓨레 100g
레몬즙 5g
설탕 55g
판 젤라틴 3g
무화과 30g
화이트 럼 5g

／살구 시럽
물 20g

설탕 10g
살구 퓨레 10g
레몬즙 2g

／프로마주 블랑 무스
프로마주 블랑 치즈 225g
요거트 27g
레몬제스트 1개 분량
판 젤라틴 3.5g
레몬즙 9g
달걀흰자 22g
설탕 35g

／무화과 콩포트
무화과 75g
설탕 15g
꿀 8g
레몬즙 9g
설탕 5g
펙틴 2g
⊕ 무화과 3개
　 살구 1개

Preparation

• 판 젤라틴은 물에 미리 불려 키친타월에 물기를 빼놓는다.
• 프로마주 블랑 치즈와 요거트는 미리 꺼내 실온상태로 준비한다.
• 중탕물을 끓여 준비하고, 설탕과 펙틴도 미리 섞어 준비한다.
• 지름 10cm 무스틀의 바닥 부분을 래핑한다.

1 비스퀴 아라 퀴이에르(만드는법 134쪽 참고)를 만든다.

2 살구 퓨레, 레몬즙, 설탕을 냄비에 넣고 약불에서 설탕이 녹을 정도까지만 살짝 끓인다.

3 불에서 내려 미리 불려 물기를 뺀 판 젤라틴을 넣어 녹이고, 화이트 럼을 넣고 섞은 후 미지근하게 식힌다.

4 바닥부분을 래핑한 지름 10cm 무스틀에 ③을 붓고 무화과를 작게 잘라 골고루 넣은 다음 냉동실에서 1시간 굳힌다.

5 냄비에 물과 설탕, 살구 퓨레를 넣고 약불에서 설탕 알갱이가 보이지 않을 때까지 끓인 후 차게 식힌다.

6 레몬즙을 넣고 섞는다.

tip 레몬즙을 넣으면 새콤한 맛이 더 살아나고 색도 선명하게 유지된다.

7 볼에 프로마주 블랑 치즈, 요거트, 레몬제스트를 넣고 섞는다.

8 볼에 달걀흰자를 풀고 설탕을 3번 나누어 넣으며 뿔이 흔들리는 부드러운 머랭을 만든다.

9 다른 볼에 미리 불려 물기를 뺀 판 젤라틴과 레몬즙을 넣은 다음 중탕으로 녹이고, ⑦에 넣고 섞는다.

10 ⑧의 머랭을 넣고 하나로 섞는다.

무화과 콩포트

11 냄비에 자른 무화과, 설탕, 꿀, 레몬즙을 넣고, 주걱으로 저으며 전체적으로 보글보글 끓인다.

12 미리 섞어둔 설탕과 펙틴을 넣고 중불에서 주걱으로 들었을 때 약간 끈적한 농도가 날 때까지 끓이고 불에서 내려 차게 식힌다.

13 비스퀴 아라 퀴이에르를 지름 15cm 무스틀의 바닥
과 옆면에 맞춰 자른 후, 틀에 넣는다.

14 안쪽에 전체적으로 살구 시럽을 바른다.

15 프로마주 블랑 무스를 1/4 높이까지 붓고 살구 젤
리를 올린다. 나머지 무스를 모두 붓고 냉동실에서
2시간 이상 굳힌다.

16 ⑮ 위에 무화과 콩포트를 평평하게 올린 다음 무화
과와 살구를 썰어서 올린다.

모카 치즈 케이크

Mocha Cheese Cake

진한 치즈 반죽과 커피의 풍미가 살아있는 모카 치즈 반죽을 마블링해 구운
묵직하고 진한 뉴욕 스타일의 치즈 케이크. 아메리카노와 잘 어울리는 스테디셀러다.

헤이즐넛 가나슈
모카치즈 반죽
쿠키바닥
샹티 카페
치즈 반죽

지름 15cm 케이크 1개

Ingredients		
╱ 쿠키바닥	생크림 30g	헤이즐넛 페이스트 20g
아몬드 크럼블 _121쪽 참고	바닐라 에센스 6방울	커피리큐어 8g
발효 버터 30g	**╱ 모카 치즈 반죽**	**╱ 샹티 카페**
인스턴트 커피가루 4g	인스턴트 커피가루 4g	생크림 50g
뜨거운 물 4g	뜨거운 물 4g	마스카르포네 치즈 15g
╱ 치즈 반죽	커피 익스트랙트 4g	설탕 10g
크림치즈 337g	커피리큐어 8g	커피리큐어 5g
설탕 74g	**╱ 헤이즐넛 가나슈**	인스턴트 커피가루 2g
달걀 110g	55% 다크초콜릿 40g	뜨거운 물 2g
전분 15g	생크림 40g	⊕ 아몬드 크럼블 적당량

Preparation

• 오븐은 130℃로 예열한다.
• 발효 버터는 실온에 미리 꺼내두어 말랑말랑한 포마드 상태로 준비한다.
• 크림치즈, 달걀, 생크림은 미리 꺼내 실온상태로 준비한다.
• 호일로 무스틀의 바닥을 감싸고 테플론 시트를 잘라 안쪽 테두리에 두른다.

1 아몬드 크럼블(만드는 법 123쪽 참고)을 블렌더로 곱게 갈아 볼에 넣고 발효 버터와 뜨거운 물에 녹인 인스턴트 커피가루를 섞어 반죽을 만든다.

2 호일과 테플론 시트를 두른 지름 15cm 무스틀에 아몬드 크럼블을 2mm 정도의 두께로 바닥과 옆면에 평평하게 눌러 붙인 다음 냉장고에서 약 30분간 휴지시킨다.

치즈 반죽

3 볼에 크림치즈를 넣어 풀고, 설탕을 넣고 핸드믹서로 부드럽게 휘핑한다.

4 달걀을 3~4번 나누어 넣으며 매끈하게 섞는다.

모카 치즈 반죽

5 체 친 전분을 넣고 주걱으로 날가루가 보이지 않을 때까지 섞은 후, 생크림과 바닐라 에센스를 넣고 섞는다.

6 볼에 ⑤의 1/3을 담고 뜨거운 물에 녹인 인스턴트 커피가루와 커피 익스트랙트, 커피리큐어를 모두 넣고 섞어 반죽을 만든다.

7 ②를 냉장고에서 꺼내 그 위에 나머지 ⑤를 모두 붓는다.

8 ⑦ 위에 모카 치즈 반죽을 붓고 나무젓가락으로 휘휘 저어 마블 모양을 만든다.

헤이즐넛 가나슈

9 130℃로 예열된 오븐에 넣고 약 50분간 굽는다. 다 구워지면 오븐에서 꺼내 완전히 식힌다.

10 볼에 다크초콜릿과 생크림을 넣고 중탕으로 녹인 후, 휘퍼로 매끈하게 섞는다.

11 헤이즐넛 페이스트를 넣고 휘퍼로 섞은 다음 바닥 아래까지 잘 섞이도록 주걱으로 한 번 더 섞는다.

12 커피리큐어를 넣고 휘퍼로 섞은 후 주걱으로 저어 주르륵 흐르지 않고 되직한 정도가 될 때까지 식힌다.

13 볼에 생크림, 마스카르포네 치즈, 설탕을 넣고 핸드 믹서 날에 붙고 살짝 뿔이 생기는 80% 정도로 휘핑한 후, 커피리큐어, 뜨거운 물에 녹인 인스턴트 커피가루를 넣고 섞는다.

14 헤이즐넛 가나슈를 짤주머니에 담고, ⑨의 케이크 위에 짠다.

15 샹티 카페를 짤주머니에 담고, 가나슈를 짜고 남은 부분을 모두 채운 다음 아몬드 크럼블을 올린다.

CHEF'S TOUCH

• 치즈 케이크는 높은 온도로 구우면 안까지 잘 익지 않고 윗면만 부풀어 터지기 쉽다. 인내를 가지고 낮은 온도로 천천히 오래 구워야 예쁘게 나온다. 윗면을 손으로 눌렀을 때 물컹하지 않고 살짝 탄력이 느껴지면 다 구워진 상태다.

• 냉장고에서 하루 정도 휴지시키면 치즈 맛이 더 진해지고 식감도 좋아진다.

라임 요거트 시폰 케이크
Lime Yogurt Chiffon Cake

라임의 상큼한 풍미가 돋보이는 가볍고 경쾌한 시폰 케이크.
한 조각씩 접시에 담아 요거트 생크림, 라임 커드를 곁들여 플레이팅하면 크림 샌딩이나 장식 없이도
라임의 상큼함이 살아있는 예쁜 디저트가 된다.

요거트 생크림

라임 커드

Ingredients 지름 15cm 케이크 2개

╱ 라임 시폰 케이크
달걀노른자 70g
설탕 38g
소금 0.8g
포도씨유 85g
우유 90g
바닐라빈 0.5개
라임제스트 1개 분량
라임리큐어 10g
강력분 35g

박력분 55g
베이킹파우더 2g
달걀흰자 165g
설탕 50g

╱ 요거트 생크림
생크림 220g
마스카르포네 치즈 30g
설탕 23g
플레인요거트 42g
사워크림 15g

레몬리큐어 7g
라임제스트 1/2개 분량

╱ 라임 커드
달걀 68g
설탕 35g
라임즙 24g
라임제스트 1/2개 분량
발효 버터 35g

⊕ 라임제스트 조금

Preparation

• 오븐은 170℃로 예열한다.
• 발효 버터는 실온에 미리 꺼내두어 말랑말랑한 포마드 상태로 준비한다.
• 중탕물을 끓여 준비한다.
• 바닐라빈은 칼로 가운데를 길게 갈라 칼등으로 씨를 긁어 준비한다.

1 볼에 달걀노른자, 설탕, 소금을 넣고 설탕, 소금이 살짝 녹고 미색이 돌때까지 휘퍼로 섞는다.

2 다른 볼에 우유, 긁어낸 바닐라빈 씨와 껍질, 라임제스트를 넣고 중탕으로 데운다.

3 래핑한 후 5분 정도 우린 다음 바닐라빈 껍질은 건져 낸다.

4 ①에 포도씨유를 넣고 매끈하게 섞은 다음 ③을 넣고 섞는다.

5 체 친 강력분과 박력분, 베이킹파우더를 넣고 뭉치지 않게 휘퍼로 빠르고 가볍게 섞는다.

6 다른 볼에 달걀흰자를 넣고 살짝 휘핑한 다음 설탕을 2번 나누어 넣고 뿔이 살짝 뾰족하지만 덩어리지지 않는 머랭을 만든다.

7 ⑤에 ⑥의 머랭을 1/3 정도 넣고 휘퍼로 섞은 다음 나머지 머랭을 모두 넣고 주걱으로 섞는다.

8 지름 15cm 시폰틀에 팬닝하고 나무 꼬치로 반죽을 휘저은 후, 170℃로 예열한 오븐에서 약 30분간 굽는다.

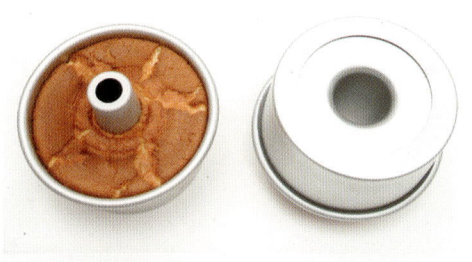

9 가운데 부분까지 노릇하게 다 구워지면 오븐에서 꺼내고 식힘망에 거꾸로 뒤집어 올려 완전히 식힌 다음 틀과 분리한다.

〈 요거트 생크림 〉

10 볼에 생크림, 마스카르포네 치즈, 설탕을 넣고 주걱으로 풀어준 다음 핸드믹서 날에 살짝 붙었다가 떨어지는 70% 정도로 휘핑한다.

11 플레인요거트와 사워크림을 넣고 핸드믹서 날에 붙고 살짝 뿔이 생기는 80% 정도로 휘핑한다.

12 레몬리큐어와 라임제스트를 넣고 섞은 다음 짤주머니에 담는다.

13 볼에 달걀, 설탕, 라임즙, 라임제스트를 넣고 끓는 물에 올려 중탕시켜가며 농도가 걸쭉해질 때까지 휘퍼로 섞는다.

tip 이 과정에서 살균을 해주는 것으로 온도는 꼭 75℃ 이상으로 올려야 한다.

14 농도가 나면 중탕에서 내리고, 발효 버터를 넣고 휘퍼로 매끈하게 섞는다.

16 준비한 시폰 케이크를 칼로 6등분한다.

15 한 김 식힌 후, 밀착 래핑하여 냉장고에서 차갑게 식힌다.

17 접시에 시폰 한 조각을 올리고, 옆에 요거트 크림과 라임 커드를 올린 다음 라임제스트를 뿌려 마무리한다.

시폰틀 제거하기

1 오븐에서 꺼내 바로 식힘망에 거꾸로 뒤집어 올리고 온기없이 완전히 식힌다.

2 똑바로 놓고 틀의 가장자리 부분을 따라 손으로 시트를 가볍게 꾹꾹 눌러 준 다음 틀을 뒤집고 두드려 분리한다.

tip 시트를 가볍게 눌러주면 틀과 시트 사이에 공기가 들어가 더 쉽게 빼낼 수 있다.

3 ②와 같이 기둥이 있는 시트의 안쪽 부분과 옆면을 눌러 시트가 틀에서 떨어지게 한 후 뒤집고 두드려서 분리한다

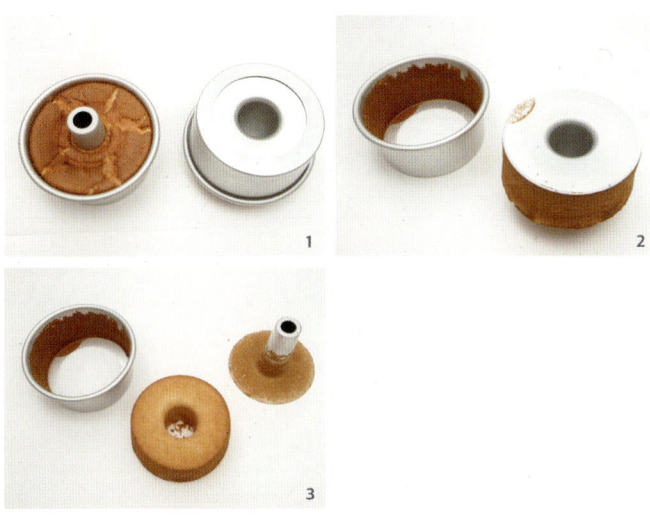

더블 깨 시폰 케이크
Double Sesame Chiffon Cake

검은깨 페이스트를 넣은 고소한 시트에 검은깨 크림과 들깨 크림이 어우러진
폭신하고 부드러운 케이크. 손으로 부숴 올린 자연스럽고 개성 있는 검은깨 튀일은
취향에 따라 다양하게 연출할 수 있어 즐겁다.

검은깨 튀일
검은깨 크림
들깨 크림
검은깨 시폰

검은깨 시폰	달걀흰자 165g	마스카르포네 치즈 20g
달걀노른자 70g	설탕B 50g	설탕 23g
설탕A 38g	검은깨 3g	들깻가루 20g
소금 0.8g	**검은깨 크림**	호두리큐어 5g
포도씨유 85g	생크림 220g	**검은깨 튀일**
우유 90g	마스카르포네 치즈 40g	물엿 13g
검은깨 페이스트 15g	설탕 23g	발효 버터 30g
강력분 35g	검은깨 페이스트 25g	우유 12g
박력분 55g	**들깨 크림**	설탕 37g
검은깨 가루 15g	생크림 110g	펙틴 0.7g
베이킹파우더 2g		검은깨 15g

Preparation

- 오븐은 170℃로 예열한다.
- 발효 버터는 실온에 미리 꺼내두어 말랑말랑한 포마드 상태로 준비한다.
- 중탕물을 끓여 준비하고 설탕과 펙틴은 미리 섞어놓는나.
- 검은깨 시폰의 우유는 미리 꺼내 실온상태로 준비한다.

1 볼에 달걀노른자, 설탕A, 소금을 넣고 휘퍼로 설탕
과 소금이 살짝 녹고 미색이 될 때까지 섞는다.

2 우유, 포도씨유, 검은깨 페이스트를 넣고 매끈하게
섞는다.

3 체 친 강력분과 박력분, 검은깨 가루, 베이킹파우더
를 넣고 뭉치지 않게 휘퍼로 빠르고 가볍게 섞는다.

4 다른 볼에 달걀흰자를 넣고 핸드믹서로 살짝 휘핑
하고 설탕B를 2번 나누어 넣으며 뿔이 살짝 뾰족하
지만 덩어리가 지지 않는 머랭을 만든다.

5 ③에 ④의 머랭을 1/3 정도 넣고 휘퍼로 섞은 다음
나머지 머랭을 모두 넣고 주걱으로 섞는다.

6 검은깨를 넣고 고르게 섞는다.

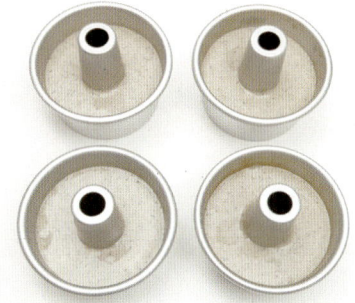

7 지름 12cm 미니 시폰틀에 팬닝하고 170℃로 예열
한 오븐에서 20분 정도 굽는다.

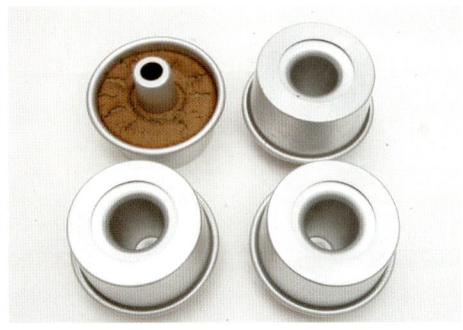

8 가운데 부분까지 노릇하게 다 구워지면 오븐에서
꺼내고 식힘망에 거꾸로 뒤집어 올려 완전히 식힌
다음 틀과 분리한다.

〈 검은깨 크림 〉

9 볼에 생크림, 마스카르포네 치즈, 설탕을 넣고 주걱
으로 풀어준 후, 핸드믹서 날에 붙고 살짝 뿔이 생기
는 80% 정도로 휘핑한다.

10 검은깨 페이스트를 넣고 가볍게 주걱으로 섞는다.

〈 들깨 크림 〉

11 볼에 생크림, 마스카르포네 치즈, 설탕을 넣고 주걱
으로 잘 풀어준 후, 핸드믹서 날에 붙고 살짝 뿔이
생기는 80% 정도로 휘핑한다.

12 들깻가루와 호두리큐어를 넣고 주걱으로 가볍게
섞는다.

검은깨 튀일

13 냄비에 물엿과 발효 버터를 넣고 중불에서 녹인 다음 우유를 넣고 가운데까지 바글바글 끓어오를 때까지 끓인다.

14 미리 섞어둔 설탕과 펙틴을 넣어 녹이고, 온도가 110℃까지 올라가면 검은깨를 넣고 섞는다.

완성하기

15 팬에 평평하게 팬닝하고 170℃로 예열한 오븐에서 약 15분간 굽는다.

16 완전히 식은 시폰을 돌림판 위에 올리고 겉에 검은깨 크림을 샌딩한다.

17 짤주머니에 검은깨 크림과 들깨 크림을 각각 담고, 시폰 위에 짠다.

18 검은깨 튀일을 손으로 부숴 케이크 위에 올린다.

tip 튀일은 습기에 약해 생크림에 닿아 시간이 지나면 눅눅해진다. 되도록 먹기 바로 전에 올린다.

Class 4

TART × PIE

타르트 × 파이

소소한 일상 속 잊고 싶지 않은 행복의 순간들을 떠오르게 하는 디저트.
재료 하나하나에 소중한 기억들을 담아
은은하게 빛나는 아름다운 추억을 굽는다.

기본 반죽
&
기본 크림 알아두기

브리제 Brisée

'부수다, 조각내다' 라는 뜻처럼 매우 바삭하고 바스락 부서지는 파이 같은 식감의 가벼운 시트다. 사블레나 슈크레에 비해 버터 입자가 크게 살아있어 구웠을 때 버터가 녹으면서 반죽 사이사이가 부푼다.

초코 사블레 Chocolate Sablée

사블레는 차가운 버터와 다른 재료를 손으로 비벼서 만들기 때문에 재료들이 완벽하게 섞이지 않아 '모래'라는 뜻처럼 거친 바삭함을 지니고 있다. 코코아파우더나 초콜릿을 추가하면 초코 사블레가 되고 적당한 단단함으로 상태 유지에 좋기 때문에 타르트를 만들 때 많이 사용된다.

바닐라 슈크레 Vanilla Sucrée

설탕양이 사블레보다 조금 더 많아 구웠을 때 더 달고 포마드 상태의 버터, 슈거파우더나 설탕, 달걀을 섞은 뒤 가루 재료를 넣기 때문에 사블레나 브리제보다 덜 부서지면서 약간은 단단한 식감을 가지고 있다. 만들 때 바닐라빈을 넣으면 풍미가 더 좋아진다.

푀이타주 Feuilletage

'천 겹의 잎사귀'라는 뜻을 가진 시트로 바삭거리고 풍부한 버터 향이 난다. 데트랑프라는 반죽에 얇은 버터를 넣고 감싼 뒤 밀어서 접는 과정을 여러 번 거치기 때문에 구웠을 때 필름같이 얇은 층이 여러 겹 생긴다. 밀푀유, 갈레트 데로와, 사과 파이 등에 사용된다.

브리제

Ingredients

지름 18cm 높이 3cm
타르트틀 1개분

박력분 180g
발효 버터 126g
소금 2.5g
설탕 5g
물 63g

1 베이킹 매트 위에 박력분, 발효 버터를 올리고 스크래퍼로 4mm 정도가 될 때까지 잘게 다진다.

   tip 버터가 녹으면 절대 안 되기 때문에 실온에서도 차게 유지하는 게 중요하다. 차가운 상태에서 빠른 속도로 작업한다.

2 잘게 다진 ①의 가운데를 파고 소금, 설탕, 물을 섞어서 붓는다.

3 액체가 흘러내리지 않게 조심하면서 빠르게 스크래퍼로 날가루가 보이지 않을 때까지 다진다.

4 보슬보슬한 상태의 반죽을 뭉쳐 덩어리로 만들고 밀대로 납작하게 편 뒤 래핑해 냉장고에서 하루 정도 휴지시킨다.

5 덧가루를 뿌리고 3mm 두께로 밀어 18cm 원형 타르트틀에 폰사주한다.

6 반죽 위에 유산지를 깔고 누름돌을 올린 다음 180℃로 예열된 오븐에서 약 30분간 굽는다. 전체적으로 노릇노릇해지면 오븐에서 꺼내 완전히 식힌다.

초코 사블레

Ingredients

8cm × 8cm 타르트틀 3개 분량

발효 버터 110g
설탕 90g
소금 2g
달걀노른자 50g
박력분 120g
코코아파우더 20g

1 볼에 잘게 깍둑썰기한 차가운 상태의 발효 버터와 설탕, 소금을 넣고 섞는다.

2 달걀노른자를 2번 나누어 넣으며 섞은 후, 박력분과 코코아파우더를 넣고 하나로 섞는다.

3 반죽을 뭉쳐 한 덩어리로 만들고 밀대로 납작하게 편 뒤 래핑해 냉장고에서 하루 정도 휴지시킨다.

4 덧가루를 뿌리고 3mm 두께로 밀어 타르트틀에 폰사주한 다음 160℃로 예열된 오븐에 넣고 약 20분간 굽는다.

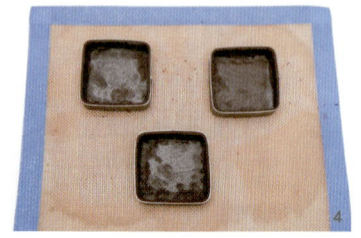

바닐라 슈크레

Ingredients

지름 18cm 높이 3cm
타르트틀 1개 분량

발효 버터 132g
바닐라빈 1/2개
슈거파우더 83g
달걀 45g
아몬드파우더 23g
박력분 220g
소금 1g

1 볼에 발효 버터와 바닐라빈 씨를 긁어 넣고 핸드믹서로 크림 같은 부드러운 상태가 될 때까지 푼다.

　레몬 슈크레　레몬제스트 1/2개 분량을 추가하여 휘핑한다.

2 슈거파우더를 넣고 섞는다.

3 실온상태의 달걀을 3번 나누어 넣고 휘핑한다.

4 체 친 아몬드파우더, 박력분, 소금을 넣고 날가루가 보이지 않을 때까지 섞는다.

　레몬 슈크레　노란색 색소를 함께 넣고 섞는다.

5 반죽을 한 덩어리로 만들고 밀대로 납작하게 편 뒤 래핑해 냉장고에서 하루 정도 휴지시킨다.

푀이타주

Ingredients

30cm × 30cm 푀이타주 2장 분량

박력분 250g
강력분 250g
발효 버터A 90g
소금 10g
설탕 12g
물 210g
발효 버터B 495g

⟨ 데트랑프 반죽 만들기 ⟩

1 믹서볼에 강력분, 박력분, 소금, 설탕, 물을 넣고 후크를 끼고 저속으로 반죽한다.

2 반죽이 날가루가 적어지고 뭉치기 시작할 때 발효 버터A를 2번 나누어 넣고 반죽한다.

3 표면이 약간 거칠지만 손으로 만졌을 때 반죽 덩어리가 잡히지는 않을 때 반죽을 꺼내어 동글리기를 한 후, 십자로 칼집을 낸다.

4 밀착 래핑하여 냉장고에서 2시간 이상 휴지시킨다.

tip 반죽을 너무 많이 치대면 글루텐이 형성되어 푀이타주를 구웠을 때 식감이 질기다고 느낄 수 있으므로 주의한다.

⟨ 버터 감싸기 ⟩

5 발효 버터B를 1cm 정도 두께로 잘라 랩에 펼치고 정사각형으로 래핑한 뒤 밀대로 평평하게 민다. 포마드 상태보다 조금 더 단단한 상태가 되도록 냉장고에서 굳힌다.

6 휴지시킨 데트랑프를 꺼내 십자를 사방으로 펼친 후 밀대로 밀어 ⑤가 들어갈 수 있는 사이즈로 늘린다.

7 ⑤를 데트랑프 가운데에 넣고 사방을 접은 다음 경계 부분을 손으로 꼬집어 꼼꼼하게 버터를 감싼다.

8 밀대로 윗면을 살짝 평평하게 밀고 밀착 래핑하여 냉장고에서 3시간 이상 휴지시킨다.

⟨ 밀어서 접기 ⟩

9 ⑧을 꺼내 반죽의 발효 버터가 살짝 눌러지는 정도가 되면 덧가루를 뿌리고 밀대로 두드리면서 천천히 길게 민다.

10 붓으로 반죽에 남아있는 덧가루를 털고 1/5 정도를 접는다. 남은 반죽의 끝이 접은 부분 끝에 맞닿게 접은 후 다시 덧가루를 턴다.

11 다시 반 접어 밀대로 밀고, 밀착 래핑하여 냉장고에 넣고 반나절 휴지시킨다.

12 ⑨~⑪의 과정을 4번 반복한다.

tip 1 반나절 휴지시킨 반죽을 꺼내 시계방향으로 90° 돌린 다음 ⑨~⑪의 과정을 반복한다.

tip 2 접을 때마다 횟수가 헷갈릴 수 있으므로 반죽에 손가락으로 눌러 표시한다.

LOISIR.

딸기 루바브 타르트

Strawberry Rhubarb Tart

바닐라빈이 들어간 슈크레에 아몬드 크림, 딸기, 루바브의 조화가 좋은 클래식한 과일 타르트.
다양한 제철 과일로 취향에 맞게 응용할 수 있는 레시피로 소중한 사람을 위한 선물로 좋다.

아몬드 크림 —
바닐라 슈크레 —

— 디플로마트 크림
— 루바브 절임

Ingredients   지름 18cm 높이 3cm 타르트 1개

／바닐라 슈크레
만드는 법 181쪽 참고

／아몬드 크림
발효 버터 70g
설탕 70g
달걀 70g
아몬드파우더 70g
바닐라빈 1/2개
레몬제스트 1/2개 분량

／루바브 절임
냉동 루바브 187g

딸기 퓨레 70g
설탕 30g
펙틴 2g
레몬즙 7g
레몬제스트 1/2개 분량
키르슈 9g

／디플로마트 크림
우유 196g
마다가스카르 바닐라빈 1/2개
설탕 44g
달걀노른자 56g

전분 12g
박력분 8g
마스카르포네 치즈 24g
생크림 136g
⊕ 생딸기 약 400g
　루바브 절임 조금

Preparation

· 오븐은 160℃로 예열하고 설탕과 펙틴은 미리 섞어놓는다.
· 발효 버터는 실온에 미리 꺼내두어 말랑말랑한 포마드 상태로 준비한다.
· 달걀도 미리 꺼내 실온상태로 준비한다. 추운 겨울에는 중탕으로 살짝 데워 미지근한 온도로 맞춰놓는다.
· 바닐라빈은 칼로 가운데를 길게 갈라 칼등으로 씨만 긁어 준비한다.

아몬드 크림

1 볼에 바닐라빈 씨와 레몬제스트, 발효 버터를 넣고 핸드믹서로 크림 상태로 푼다.

2 설탕을 넣고 하나로 섞이도록 휘핑하고, 달걀을 3번 나누어 넣으며 휘핑한다.

tip 달걀의 온도가 낮으면 버터와 분리되기 쉽다. 꼭 미지근한 실온의 달걀을 사용한다.

3 아몬드파우더를 넣고 주걱으로 날가루가 없을 때까지 섞어 하나의 반죽으로 만든다.

4 냉장고에 넣어 2시간 이상 휴지시킨다.

루바브 절임

5 냄비에 냉동 루바브, 딸기 퓨레, 레몬즙, 레몬제스트를 넣고 약불에서 퓨레가 녹을 때까지 저어가며 끓인다.

6 미리 섞어둔 설탕과 펙틴을 조금씩 나누어 넣고 중불에서 저으며 녹인다. 불에서 내리고 키르슈를 넣은 다음 식힌 뒤 냉장고에서 하루 정도 숙성시킨다.

7 바닐라 슈크레 반죽(만드는 법 181쪽 참고)에 덧가루를 뿌리고 3mm 두께로 밀어 지름 18cm 타르트틀에 퐁사주한 다음 포크로 눌러 구멍을 낸다.

8 160℃로 예열된 오븐에서 약 15분간 굽는다.

9 타르트지 위에 루바브 절임 4/5 정도를 올리고 짤주머니에 휴지시킨 아몬드 크림을 담아 평평하게 짠다.

10 165℃로 예열된 오븐에 약 40분간 굽는다. 윗면이 전체적으로 노릇노릇해지면 오븐에서 꺼내 완전히 식힌다.

11 냄비에 우유, 마다가스카르 바닐라빈 씨를 넣고 살짝 끓인다.

12 볼에 달걀노른자, 설탕을 넣고 설탕이 약간 녹을 때까지 섞은 다음 체 친 전분과 박력분을 넣고 섞는다.

13 ⑪을 ⑫에 넣고 주걱으로 섞은 뒤, 다시 냄비에 붓는다.

14 냄비 바닥 크기의 강불로 끓이며 농도를 내준다. 바닥에 눌어붙지 않게 주걱으로 잘 젓는다.

15 보글보글 끓으면 불을 끄고 체에 깨끗하게 내린다.

16 주걱으로 저어주면서 한 김 식힌 다음 밀착 래핑하여 냉장고에서 차갑게 식힌다.

17 볼에 생크림과 마스카르포네 치즈를 넣고, 단단하게 뿔이 생기고 질감이 거칠어지기 시작하는 90% 정도로 휘핑한다.

18 냉장고에서 ⑯을 꺼내 주걱으로 덩어리 없이 풀어준 후, ⑰에 넣고 하나로 섞는다.

19 짤주머니에 디플로마트 크림을 담아 타르트지 위
에 평평하게 짠다.

20 생딸기와 루바브 절임을 올려 마무리한다.

CHEF'S TOUCH

• 루바브가 없다면 아몬드 크림만 넣어 구워도 좋고, 제철과일이나 좋아하는 과일을 올려 다양하게 응
용해 사시사철 즐길 수 있다

레몬 유자 타르트
Lemon Yuja Tart

고운 주황빛과 노란빛이 은은히 감도는 타르트지 위에 올라간
레몬 커드와 하얀 유자 바닐라 크림의 조화가 아름다운 타르트.

스위스 머랭 쿠키

레몬 커드

유자 바닐라 크림

레몬 슈크레

Ingredients   8cm × 8cm 타르트 3개

／레몬 슈크레
만드는 법 181쪽 참조

／레몬 커드
달걀 105g
달걀노른자 10g
설탕 100g
레몬제스트 1/2개 분량

레몬즙 48g
발효 버터 38g
판 젤라틴 3g
화이트 럼 4g

／유자 바닐라 크림
생크림 100g
마스카르포네 치즈 13g

바닐라빈 1/4개
유자청 30g
유자제스트 1/2개 분량
레몬리큐어 3g

⊕ 유자청 적당량
스위스 머랭 쿠키 적당량
_ 29쪽 참고

Preparation

- 오븐은 165℃로 예열하고, 중탕물을 끓여 준비한다.
- 발효 버터는 실온에 미리 꺼내두어 말랑말랑한 포마드 상태로 준비한다.
- 달걀은 미리 꺼내 실온상태로 준비한다.
- 판 젤라틴은 물에 불린 뒤 키친타월에 올려 물기를 빼놓는다.
- 바닐라빈은 칼로 가운데를 길게 갈라 칼등으로 씨만 긁어 준비한다.

 레몬 슈크레 굽기

 레몬 커드

1 레몬 슈크레 반죽(만드는 법 181쪽 참고)을 8cm × 8cm 타르트틀에 폰사주한 다음, 유산지를 깔고 누름돌을 올려 165℃로 예열된 오븐에 약 20분간 굽는다.
tip 너무 오래 구워서 노란색이 아닌 진한 갈색이 나지 않게 주의한다.

2 볼에 달걀, 달걀노른자를 풀어준 다음 설탕, 레몬즙, 레몬제스트를 넣고 휘퍼로 섞는다.

3 중탕에서 저으며 온도를 80℃ 이상으로 올리고, 천천히 약간 걸쭉한 농도까지 끓인다.

4 발효 버터를 넣어 녹이고 중탕에서 내린 다음 미리 불려 물기를 빼놓은 판 젤라틴과 화이트 럼을 넣고 섞는다.

 유자 바닐라 크림

5 얼음물에 올려 흐르지 않고 약간 되직한 정도가 될 때까지 차갑게 식힌다.

6 볼에 생크림, 마스카르포네 치즈, 바닐라빈 씨를 넣고 핸드믹서 날에 살짝 붙었다가 떨어지는 70% 정도로 휘핑한다.

7 유자청과 유자제스트, 레몬리큐어를 넣고 섞은 다음 핸드믹서 날에 붙고 살짝 뿔이 생기는 80% 이상으로 휘핑한다.

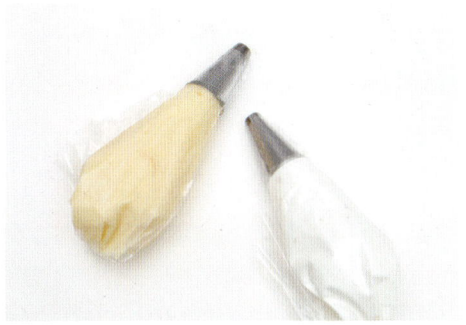

8 유자 바닐라 크림과 레몬 커드를 짤주머니에 담는다.

완성하기

9 완전히 식힌 레몬 슈크레 위에 먼저 레몬 커드를 짜고, 유자 바닐라 크림도 뾰족뾰족하게 짠 다음 스위스 머랭 쿠키를 올린다.

10 유자청을 짤주머니에 담아 유자 바닐라 크림 위에 짠다.

꿀 사과 타르트

Honey Apple Tart

타르트 오 폼므 오 미엘Tarte aux pomme au miel로 잘 알려진 르와지르 베이킹 클래스의
시그니처 디저트. 사과와 꿀, 고르곤졸라 치즈의 조화를 이용한 달콤 짭짤한 타르트로 버터의
진한 풍미를 품은 브리제의 바삭함과 사이사이 올라간 허니콤의 고급스러운 달콤함이 사랑스럽다.

허니콤
샹티 크림
캐러멜라이즈 사과
꿀 무스
브리제
아파레유

Ingredients · 지름 18cm 높이 3cm 타르트 1개

브리제
만드는 법 179쪽 참고

캐러멜라이즈 사과
사과 1개
설탕 60g
발효 버터 12g
시나몬 가루 적당량

아파레유
달걀 30g

달걀노른자 22g
설탕 28g
박력분 5g
생크림 96g
고르곤졸라 치즈 적당량

꿀 무스
우유 40g
달걀노른자 20g
꿀 20g
판 젤라틴 2g

생크림 80g

샹티 크림
생크림 80g
설탕 7g
마스카르포네 치즈 18g
다크 럼 6g

⊕ 허니콤 조금
민트 조금

Preparation

• 오븐은 160℃로 예열한다.
• 발효 버터는 실온에 미리 꺼내두어 말랑말랑한 포마드 상태로 준비한다.
• 판 젤라틴은 물에 불린 뒤 키친타월에 올려 물기를 빼놓는다.

1 지름 18cm 브리제(만드는 법 179쪽 참고) 1개를 만든다.

2 사과 껍질을 깎아 8등분한 다음 씨를 빼고 다시 4등분한다.

3 프라이팬을 중불로 예열한 다음 설탕을 넣고 녹인 뒤 사과를 넣어 캐러멜 코팅을 한다.
tip 매우 뜨거우므로 사과를 넣을 때는 튀지 않도록 옆에서 살짝 밀듯이 넣는다.

4 발효 버터를 넣어 섞고 시나몬 가루를 넣는다. 사과가 살짝 익으면 사과만 건져 바트에 식힌다.

5 볼에 달걀과 달걀노른자를 풀고, 설탕을 넣고 섞는다.

6 체 친 박력분을 넣고 날가루가 보이지 않을 정도까지만 가볍게 섞는다.

7 생크림을 넣고 매끈한 반죽이 되도록 섞어 아파레유를 완성한다.

8 구운 브리제에 캐러멜라이즈 사과를 넣고 고르곤졸라 치즈를 적당량 뿌린다.

9 ⑦을 붓고 160℃로 예열된 오븐에서 약 30분간 굽는다. 아파레유까지 잘 구워지면 오븐에서 꺼내 온기 없이 식힌다.

10 볼에 달걀노른자, 꿀을 넣고 주걱으로 섞는다.

tip 꿀은 가능하면 맛있고 좋은 꿀을 사용하는 것이 좋다. 아카시아 꿀이나 라벤더 꿀, 마누카 꿀도 좋다.

11 냄비에 살짝 데운 우유를 볼에 2번 나누어 넣고 섞는다. 다시 냄비에 옮겨 부은 다음 약불에서 천천히 농도를 내어가며 앙글레즈 크림을 만든다.

12 불에서 내려 미리 불려 물기를 빼놓은 판 젤라틴을 넣고 녹인다. 체에 내리고 얼음물에 올려 약간 차게 식힌다.

13 볼에 생크림을 부피는 있지만 묶어 주르륵 흐르는 60% 정도로 휘핑한 다음 ⑫를 넣고 섞는다.

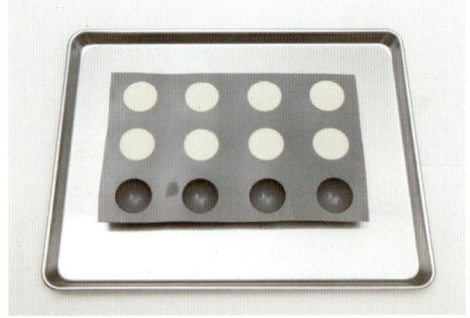

14 4cm 원형 돔틀 8개에 부어 4시간 동안 냉동시킨다.

샹티 크림

15 볼에 생크림과 설탕, 마스카르포네 치즈, 다크 럼을 넣고 핸드믹서 날에 붙고 살짝 뿔이 생기는 80% 보다 조금 더 휘핑한다.

16 샹티 크림을 상투깍지와 1cm 원형깍지를 낀 짤주머니에 담는다.

완성하기

17 ⑨ 위에 4cm 원형 돔틀에 굳힌 꿀 무스 8개를 올린다.

18 샹티 크림을 상투깍지에서 원형깍지 순으로 짠다.

19 허니콤과 민트로 장식해 마무리한다.

CHEF'S TOUCH

- 샹티 크림을 너무 많이 휘핑하면 되직하고 버글거리기 시작해 예쁘게 짜지지 않는다. 80%보다 아주 살짝만 더 휘핑한다.
- 고르곤졸라 치즈의 향이나 맛이 너무 강하면 향이 약한 다른 치즈로 대체해도 좋다.

에스프레소 코냑 캐러멜 타르트

Espresso Cognac Caramel Tart

바닐라 갈레트 브루통 위에 캐러멜라이즈 헤이즐넛, 캐러멜 크런키 초코볼이 들어간
부드러운 캐러멜 무와 코냑 풍미의 커피 무스를 올린 쁘띠 타르트.

캐러멜 무

화이트초콜릿 글라사주

에스프레소 코냑 무스

갈레트 브루통

지름 6.5cm 높이 3cm 타르트 4개

갈레트 브루통 반죽
발효 버터 63g
마다가스카르 바닐라빈 1/3개
슈거파우더 40g
소금 0.8g
달걀노른자 18g
박력분 54g
중력분 31g
베이킹파우더 0.3g
다크 럼 3g

캐러멜라이즈 헤이즐넛
슈거파우더 20g

구운 헤이즐넛 20g

캐러멜 무
설탕 28g
생크림 28g
발효 버터 34g
소금 0.3g
캐러멜 크런키 초코볼 20g
판 젤라틴 1g

에스프레소 코냑 무스
우유 90g
커피원두 10g

달걀노른자 19g
설탕 30g
에스프레소 10g
판 젤라틴 3g
생크림 100g
코냑 6g

화이트초콜릿 글라사주
만드는 법 232쪽 참고
⊕ 오렌지색 색소 적당량

Preparation

• 오븐은 150℃로 예열한다. • 발효 버터는 실온에 미리 꺼내두어 말랑말랑한 포마드 상태로 준비한다.
• 판 젤라틴은 물에 불린 뒤 키친타월에 올려 물기를 빼놓는다.
• 가루 젤라틴은 미리 정해진 용량의 물과 섞어 미리 불려놓는다.

갈레트 브루통 굽기

1 갈레트 브루통 반죽(만드는법 68쪽 참고)을 4mm 두께로 밀고 5cm 원형 무스틀로 찍은 후 150℃로 예열된 오븐에서 30분 정도 굽는다.

tip 무스가 위에 올라가기 때문에 구움색을 내는 겉에 바를 달걀노른자와 커피 농축액은 들어가지 않는다.

3 테플론 시트에 펼쳐서 식힌다.

캐러멜라이즈 헤이즐넛

2 냄비에 슈거파우더와 구운 헤이즐넛을 넣은 다음 중불에 올려 캐러멜라이즈 코팅을 한다.

캐러멜 무

4 냄비에 설탕을 넣고 약불로 천천히 녹인 다음 따뜻하게 데운 생크림을 부어 매끈하게 섞은 뒤 판 젤라틴을 넣고 녹인다.

5 발효 버터와 소금을 넣고 섞은 후 온기 없이 식힌다.

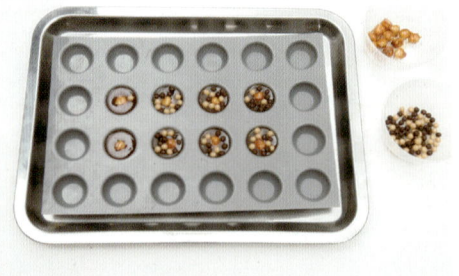

6 지름 3cm 실리콘틀에 발효 버터를 바르고 캐러멜 무를 부은 후, 그 속에 캐러멜라이즈 헤이즐넛과 캐러멜 크런키 초코볼을 넣고 냉동실에서 하루 정도 굳힌다.

7 종이를 반 접어 안에 커피원두를 넣고 밀대로 밀어 커피원두를 부순다.

tip 커피원두와 에스프레소가 신선할수록 커피 향의 풍미가 진하게 살아있다.

8 냄비에 부순 커피원두, 우유를 넣고 살짝 데워 10분 정도 우유에 커피 향을 우린다.

9 볼에 달걀노른자와 설탕을 넣고 설탕이 살짝 녹을 때까지 젓는다. ⑧을 체에 걸러 넣고 에스프레소를 섞는다.

tip 에스프레소가 없다면 뜨거운 물에 녹인 인스턴트 커피가루를 사용한다.

10 냄비에 ⑨를 모두 붓고 약불로 데우며 온도를 75℃ 이상으로 천천히 올려 묽은 크림스프 같은 농도를 낸다.

11 불에서 내리고 미리 불려 물기를 빼놓은 판 젤라틴을 넣어 녹인 후, 체에 걸러 온기 없이 차게 식힌다.

12 다른 볼에 생크림과 코냑을 넣고 휘퍼에 살짝 붙었다가 떨어지는 70% 정도로 휘핑한 후, ⑪과 섞는다.

13 냄비에 물, 설탕, 물엿을 넣고 103℃까지 끓인 후, 미리 찬물에 불려놓은 가루 젤라틴을 넣고 녹인다.

14 볼에 연유, 중탕으로 녹인 화이트초콜릿, ⑬을 넣고 매끈하게 섞은 다음 오렌지색 색소를 넣고 섞어 냉장고에서 하루 정도 휴지시킨다.

완성하기

15 에스프레소 코냑 무스를 지름 6.5cm 실리콘틀에 2/3 정도 붓고 ⑥을 넣는다. 남은 무스를 마저 붓고 스패튤라로 평평하게 정리해 냉동실에서 4시간 이상 굳힌다.

16 잘 굳은 무스 위에 적정온도(30~35℃)로 녹인 화이트초콜릿 글라사주를 붓고 준비한 갈레트 브루통 위에 올린다.

17 캐러멜라이즈 헤이즐넛과 초콜릿 삼각 곡선 장식
(만드는 법 26쪽 참고)으로 모양낸다.

초콜릿 오렌지 타르트
Chocolate Orange Tart

은은한 과일 향이 나는 60% 다크초콜릿과 오렌지 퓨레를 넣은 크레뫼가 들어간 타르트.
달지 않으면서도 향긋한 오렌지의 풍미를 느낄 수 있고
새콤한 사워크림 무스와 초콜릿 크림의 어울림이 입맛을 사로잡는다.

초콜릿 크림

사워크림 무스

초코 사블레

오렌지 초콜릿 크레뫼

> **Ingredients** 8cm × 8cm 높이 2cm 타르트 3개

/ **초코 사블레**
만드는 법 180쪽 참고

/ **오렌지 초콜릿 크레뫼**
60% 다크 초콜릿 80g
오렌지 퓨레 22g
오렌지제스트 1/2개 분량
생크림 100g
달걀 25g
발효 버터 10g

오렌지 필 30g

/ **사워크림 무스**
생크림A 31g
설탕A 22g
오렌지제스트 1/2개 분량
판 젤라틴 2.3g
사워크림 88g
생크림B 24g
설탕B 18g

쿠앵트로 5g

/ **초콜릿 크림**
생크림 125g
밀크 초콜릿 62g
설탕 6g
쿠앵트로 4g

⊕ 초코 크럼블 _ 115쪽 참고
원형 초콜릿 장식 _ 27쪽 참고

> **Preparation**

• 오븐은 140℃로 예열한다.
• 중탕물을 끓여 준비한다.
• 판 젤라틴은 물에 불린 뒤 키친타월에 올려 물기를 빼놓는다.

오렌지 초콜릿 크레뫼

1 볼에 60% 다크초콜릿, 오렌지 퓨레, 오렌지제스트를 넣고 중탕으로 녹인다.

2 냄비에 살짝 데운 생크림을 ①에 넣고 휘퍼로 섞는다.

초코 사블레 굽기

3 달걀을 넣고 섞은 다음 발효 버터를 넣고 녹을 때까지 섞는다.

4 구워진 초코 사블레(만드는 법 180쪽 참고)에 오렌지 필을 담고 오렌지 초콜릿 크레뫼를 붓는다.

사워크림 무스

5 140℃로 예열된 오븐에 넣고 130℃로 45분 정도 굽는다.
tip 타르트틀을 좌우로 흔들었을 때 크레뫼가 흔들리지 않으면 다 구워진 상태다.

6 냄비에 생크림A, 설탕A, 오렌지제스트를 넣고 약불에서 살짝 오렌지 향을 우려낸 후, 판 젤라틴을 넣고 녹인다.

7 생크림B, 설탕B, 쿠앵트로를 함께 넣고 묶어 주르륵 흐르는 60%까지 휘핑한 다음 사워크림을 넣고 섞는다.

8 온기 없이 완전히 식은 ⑥을 ⑦에 넣고 섞은 다음 7cm 원형 무스틀에 붓고 냉동실에서 2시간 정도 굳힌다.

초콜릿 크림

9 볼에 밀크초콜릿과 설탕을 넣고 중탕으로 녹인 후, 데운 생크림을 붓고 휘퍼로 섞는다.

10 냉장고에 하루 정도 휴지시키고, 사용하기 전에 쿠앵트로를 넣고 핸드믹서 날에 붙고 살짝 뿔이 생기는 80% 이상으로 휘핑한 다음 짤주머니에 담는다.

완성하기

11 사워크림 무스를 냉동실에서 꺼내고 무스틀을 제거한다.

12 완전히 식힌 ⑤ 위에 사워크림 무스를 올리고 초콜릿 크림을 짠 다음 초코 크럼블(만드는 법 117쪽 참고)과 원형 초콜릿 장식을 올려 마무리한다.

라즈베리 샴페인 젤리 치즈 타르트
Raspberry Champagne Jelly Cheese Tart

부드러운 크림치즈 크림과 라즈베리 샴페인 젤리가 올라간 치즈 타르트.
탱글탱글 영롱한 붉은 색의 로제 샴페인 젤리는 하얀 데코스노우 위에서 마치 보석처럼 빛을 낸다.

라즈베리 샴페인 젤리 ——
치즈 아파레유 ——
—— 크림치즈 크림
—— 브리제

라즈베리

> **Ingredients** 지름 18cm 높이 3cm 원형 타르트틀 1개분

/ **브리제**
만드는 법 179쪽 참조

/ **치즈 아파레유**
크림치즈 120g
사워크림 60g
설탕 36g
달걀 92g
박력분 12g
전분 6g

레몬즙 9g
레몬제스트 1/2개 분량
냉동 라즈베리 25g

/ **크림치즈 크림**
크림치즈 105g
설탕 38g
사워크림 15g
생크림 75g
후람보이즈리큐어 4g

레몬즙 9g

/ **라즈베리 샴페인 젤리**
로제 샴페인 180g
설탕 15g
펙틴 1.5g
판 젤라틴 4.5g
냉동 라즈베리 20g

⊕ 데코스노우 적당량

> **Preparation**

• 오븐은 150℃로 예열한다.
• 달걀과 크림치즈는 미리 꺼내 실온상태로 준비한다.
• 설탕과 펙틴은 미리 섞어놓는다.
• 판 젤라틴은 물에 불린 뒤 키친타월에 올려 물기를 빼놓는다.

브리제 굽기

1 지름 18cm 브리제(만드는 법 179쪽 참고) 1개를 만든다.

치즈 아파레유

2 볼에 크림치즈를 넣고 핸드믹서로 풀어준 후, 사워 크림과 설탕을 넣고 하나로 섞이도록 휘핑한다.

3 달걀을 2번 나누어 넣고 섞는다.

4 체 친 박력분과 전분을 넣고 섞은 다음 레몬즙과 레몬제스트를 넣어 치즈 아파레유를 완성한다.

5 치즈 아파레유를 짤주머니에 담아 브리제 위에 1/3 정도 짜고, 냉동 라즈베리를 골고루 올린다.

6 남은 치즈 아파레유를 마저 짠 후, 150℃로 예열된 오븐에서 약 35분간 굽는다.

7 볼에 크림치즈를 넣고 풀어준 뒤, 설탕을 넣고 설탕이 약간 녹을 때까지 핸드믹서로 휘핑한다.

8 사워크림을 넣고 섞는다.

9 다른 볼에 생크림과 후람보이즈리큐어를 넣고 약간 부피가 생겨 핸드믹서 날에 붙었다가 떨어지는 70% 정도로 휘핑한다.

10 ⑧에 ⑨를 붓고 하나로 섞은 후, 레몬즙을 넣고 섞는다.

라즈베리 샴페인 젤리

11 냄비에 로제 샴페인과 미리 섞어둔 설탕과 펙틴을 넣고 약불에서 주변이 살짝 끓을 정도까지 끓인다.

12 미리 불려 물기를 빼놓은 판 젤라틴을 넣고 녹인 후, 온기가 없을 때까지 얼음물에 식힌다.

완성하기

13 틀에 붓고 냉동 라즈베리를 넣은 다음 냉동실에서 3시간 이상 굳힌다.

14 ⑥의 타르트 위에 크림치즈 크림을 전체적으로 평평하게 바른 후, 남은 크림을 짤주머니에 담아 동글동글하게 짠다.

15 슈거파우더를 윗면 전체에 고르게 뿌린다.

16 라즈베리 샴페인 젤리를 사각으로 잘라 사이사이에 올린다.

CHEF'S TOUCH

• 치즈 케이크나 치즈 타르트를 냉장고에서 하루 동안 숙성시키면 좀 더 진한 치즈의 맛을 느낄 수 있다.

앤초비 키슈와 허니레몬 드레싱
Anchovy Quiche and Honey Lemon Dressing

바삭한 브리제에 짭조름한 앤초비, 여러 가지 야채와 버섯을 넣고
치즈 아파레유를 채워 구운 키슈. 든든한 한 끼 식사, 브런치로 즐겨도 좋고
상큼 달달한 허니레몬 드레싱을 얹으면 더 맛있게 즐길 수 있다.

생 모짜렐라 치즈

브리제

아파레유

속재료

Ingredients

8cm × 8cm 키슈 3개

브리제
브리제 반죽 _179쪽 참고
겉에 바를 달걀노른자 약 40g

아파레유
생크림 60g
우유 48g
달걀 65g
소금 2g
파마산 치즈 7g
후추 적당량

속재료
로즈메리 1줄기
샬롯 2개
통마늘 8개
다진 앤초비 4g
페퍼론치노 1g
미니 아스파라거스 35g
미니 새송이버섯 45g
썬 드라이 토마토 20g
생모차렐라 치즈 슬라이스 3개

허니레몬 드레싱
레몬즙 20g
올리브 오일 20g
꿀 30g
소금 1g
오레가노 0.5g
후추 0.5g

⊕ 구운 미니 아스파라거스 조금
파마산 치즈 적당량

Preparation

• 오븐은 160℃로 예열한다.
• 샬롯은 2mm로 얇게, 미니 새송이버섯과 생모차렐라 치즈는 5mm 정도로 슬라이스한다.
• 미니 아스파라거스는 2cm 정도로 어슷하게 썬다.
• 올리브유에 남겨 있는 썬 드라이 토마토는 건져서 잘게 사른다.

1 브리제 반죽(만드는 법 179쪽 참고)에 덧가루를 뿌리고 3mm 두께로 밀어 8cm × 8cm 타르트틀에 폰사주한다.

2 유산지를 깔고 누름돌을 올린 다음 180℃로 예열된 오븐에서 약 30분 굽는다. 브리제가 아직 뜨거울 때 안쪽 면에 붓으로 달걀노른자를 얇게 바른다.

tip 달걀노른자를 바르면 브리제가 눅눅해지는 것을 방지할 수 있다.

⬡ 아파레유 ⬡

3 볼에 생크림과 우유, 달걀을 넣고 푼다.

4 소금과 후추 적당량을 취향껏 넣고 섞은 후, 파마산 치즈를 갈아 넣고 섞는다.

⬡ 속재료 ⬡

5 프라이팬에 올리브유를 두르고 중불에 올려 로즈메리, 샬롯, 통마늘을 볶다가 다진 앤초비, 페퍼론치노를 넣어 향을 입힌다. 통마늘이 노릇해질 때까지 구운 후, 볼에 옮겨 담는다.

6 중불에서 미니 아스파라거스를 가볍게 볶는다. 미니 새송이버섯을 넣고 함께 볶다가 체에 담아 물기와 기름을 빼낸 다음 식힌다.

7 ②의 브리제에 속재료를 넣는다. 썬 드라이 토마토를 골고루 담은 뒤, 만들어둔 아파레유를 붓는다.

8 슬라이스한 생모차렐라 치즈를 올리고 160℃로 예열된 오븐에서 윗면이 노릇해질 때까지 약 30분간 굽는다.

⟨ 완성하기 ⟩

9 타르트가 따뜻할 때 구운 미니 아스파라거스를 올리고 파마산 치즈를 갈아 뿌린다.

10 허니레몬 드레싱은 만들어 냉장고에서 차갑게 보관했다 먹기 전에 키슈 위에 뿌린다.

CHEF'S TOUCH

• 키슈는 다시 데워도 처음 구운 상태처럼 부드럽고 촉촉해지지 않는다. 먹기 전에 바로 구워야 겉은 바삭하고 속은 따뜻한 가장 맛있는 키슈를 먹을 수 있다.

클래식 밀푀유

Classic Mille-fueille

바삭한 식감과 발효 버터의 풍미가 살아 있는 푀이타주에
앙글레즈 버터 크림과 파티시에 크림을 섞어 만든 부드러운 무슬린 크림을 샌딩한
클래식 디저트. '천 겹의 잎사귀'라 불린다.

푀이타주 — / — 무슬린 크림

Ingredients   12cm x 3cm 밀푀유 6개

／ 푀이타주
만드는 법 182쪽 참고

／ 앙글레즈 버터 크림
우유 45g
달걀노른자 35g
설탕 20g
발효 버터 100g

／ 파티시에 크림
우유 125g
마다가스카르 바닐라빈 1/2개
달걀노른자 35g
설탕 37g
박력분 5g
전분 12g

발효 버터 10g

／ 무슬린 크림
다크 럼 10g

Preparation

• 오븐은 220℃로 예열한다.
• 발효 버터는 실온에 미리 꺼내두어 말랑말랑한 포마드 상태로 준비한다.
• 바닐라빈은 칼로 가운데를 길게 갈라 칼등으로 씨를 긁어 준비한다.

1 푀이타주 반죽(만드는 법 182쪽 참고)을 4mm 두께로 평평하게 밀고 피케롤러나 포크로 구멍을 낸다.

tip 냉장고에서 꺼낸 반죽의 상태가 손으로 눌렀을 때 살짝 자국이 생길 정도인지 확인한다.

2 팬 위에 테플론 시트, 반죽, 테플론 시트 순으로 깔고 위에 오븐 팬 2장을 올려 220℃로 예열된 오븐에서 약 40분간 굽는다.

3 슈거파우더를 뿌리고 다시 오븐에 넣어 1~2분 정도 굽는다. 총 2번 반복하고 완전히 식힌 후 12cm × 3cm 크기로 자른다.

tip 푀이타주 표면에 캐러멜라이즈 코팅을 하면 눅눅해지지 않고 단맛도 살아난다.

4 볼에 달걀노른자, 설탕을 넣고 설탕이 살짝 녹을 정도로 섞은 다음 냄비에 살짝 데운 우유를 붓고 섞는다.

5 냄비에 다시 ④를 모두 붓고 온도가 75℃ 이상이 될 때까지 약불로 천천히 끓인 다음 체에 걸러 식힌다.

6 볼에 발효 버터를 넣고 풀어준 다음 실온에서 식은 ⑤를 6~7번 나눠 넣으며 뽀얗게 휘핑한다.

7 냄비에 우유, 긁어낸 마다가스카르 바닐라빈 씨와 껍질을 넣고 살짝 데운다.

8 볼에 달걀노른자와 설탕을 넣고 설탕이 살짝 녹을 때까지 섞은 다음 체 친 박력분과 전분을 넣고 섞는다.

9 ⑧을 넣고 하나로 섞은 뒤 다시 냄비에 모두 옮겨 담는다. 바닥까지 보글보글 끓을 수 있도록 강불에서 주걱으로 저어가며 끓인다.

10 발효 버터를 넣어 녹이고 체에 내린 뒤 차갑게 식힌다.

무슬린 크림

11 볼에 차갑게 식은 파티시에 크림을 풀고, 앙글레즈 버터 크림을 4~5번 나누어 넣으며 휘핑한 다음 다크 럼을 넣고 섞는다.

완성하기

12 짤주머니에 무슬린 크림을 담아 푀이타주 위에 짠다. 나머지 푀이타주 위에 슈거파우더를 뿌린 다음 무슬린 크림 위에 올리고 살짝 누른다.

tip 무슬린 크림은 실온에 녹아 형태가 무너지지 않도록 최대한 빠르게 짜 샌딩한다.

타르트 타탱
Tarte Tatin

퓌이타주를 이용해 모던한 형태로 재해석한
거꾸로 뒤집은 사과 파이를 뜻하는 프랑스식 타르트 타탱.
캐러멜라이즈하여 조린 사과와 바닐라 샹티 크림의 조화가 입을 즐겁게 한다.

바닐라 샹티 크림

캐러멜라이즈 사과

퓌이타주

〉 Ingredients 〉   8cm x 5cm 타르트 타탱 3개 ────────

⁄ 퓌이타주
   만드는 법 182쪽 참고

⁄ 캐러멜라이즈 사과
   사과 1개
   설탕 48g

꿀 24g
발효 버터 12g
시나몬 가루 2g
칼바도스 8g
판 젤라틴 2g

⁄ 바닐라 샹티 크림
   생크림 80g
   바닐라빈 1개
   마스카르포네 치즈 15g
   설탕 15g
   다크 럼 4g

〉 Preparation 〉 ────────────────────────

- 오븐은 220℃로 예열한다.
- 발효 버터는 실온에 미리 꺼내두어 말랑말랑한 포마드 상태로 준비한다.
- 판 젤라틴은 물에 불린 뒤 키친타월에 올려 물기를 빼놓는다.
- 바닐라빈은 칼로 가운데를 길게 갈라 칼등으로 씨를 긁어 준비한다.

퀴이타주 펼쳐서 굽기

1 퀴이타주 반죽(만드는 법 182쪽 참고)을 4mm 두께로 평평하게 밀고 피케롤러나 포크로 구멍을 낸다.

tip 냉장고에서 꺼낸 반죽의 상태가 손으로 눌렀을 때 살짝 자국이 생길 정도인지 확인한다.

2 팬 위에 테플론 시트, 반죽, 테플론 시트 순으로 깔고 위에 오븐 팬 2장을 올려 220℃로 예열된 오븐에서 약 40분간 굽는다.

3 슈거파우더를 뿌리고 다시 오븐에 넣어 1~2분 정도 굽는다. 총 2번 반복하고 완전히 식힌 후 웨이브칼로 8cm × 5cm 크기로 자른다.

tip 퀴이타주 표면에 캐러멜라이즈 코팅을 하면 눅눅해지지 않고 단맛도 살아난다.

캐러멜라이즈 사과

4 사과를 1.5cm 크기로 깍둑썰기한다.

5 프라이팬을 달구고 설탕, 꿀을 넣어 캐러멜라이즈한 다음 사과를 넣고 강불에서 색이 입혀지도록 졸인다.

6 발효 버터를 넣어 색을 더 진하게 만들고 시나몬 가루, 칼바도스를 넣고 섞는다. 불을 끄고 미리 불려 물기를 빼놓은 판 젤라틴을 넣어 녹인 후 식힌다.

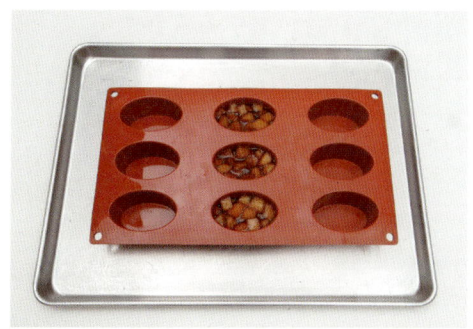

7 실리콘틀에 발효 버터를 바르고 실온에서 식힌 ⑥ 을 채운 다음 냉동실에서 하루 정도 굳힌다.

바닐라 샹티 크림

8 볼에 생크림, 긁어낸 바닐라빈 씨와 껍질을 넣고 중 탕으로 데워 바닐라빈 향을 우린 후 래핑해 냉장고 에서 하루 정도 숙성시킨다.

9 마스카르포네 치즈, 설탕, 다크 럼을 넣고 핸드믹서 날에 붙고 살짝 뿔이 생기는 80% 이상으로 휘핑한 다음 짤주머니에 담는다.

완성하기

10 푀이타주 위에 캐러멜라이즈 사과를 올리고 바닐 라 샹티 크림을 짠다.

11 금박을 올리거나 초콜릿 장식을 올려 모양낸다.

CHEF'S TOUCH

• 푀이타주 반죽 위에 오븐 팬을 올려서 구워야 반죽이 과하게 부풀어오르지 않고 촘촘한 결 이 생긴다.

Class 5

MOUSSE × ENTREMET

무스 × 앙트르메

만드는 감동과 행복, 만족감을 진하게 느낄 수 있는 작고 예쁜 디저트.
일상을 가득 채우는 조금 더 특별한 행복의 맛을 굽다.

기본 반죽

&

기본 크림 알아두기

비스퀴 조콩드 Biscuit Joconde

수분을 많이 함유하고 있는 아몬드파우더와 달걀흰자를 이용한 머랭이 들어가 더 촉촉하고 고소한 맛이 난다. 촉촉하고 부드러우면서도 적당히 폭신한 식감을 가지고 있어 무스 안에 들어가는 시트로 많이 사용된다.

화이트초콜릿 글라사주 White chocolate glaçage

글라사주는 케이크나 앙트르메 위에 씌워 광택을 내는 역할을 한다. 화이트초콜릿뿐 아니라 다크초콜릿이나 밀크초콜릿을 사용해 만들 수 있으며 화이트초콜릿의 경우 소량의 색소를 더해 다양한 색의 컬러 글라사주로 응용할 수 있다.

비스퀴 조콩드

Ingredients

달걀 100g
아몬드파우더 75g
슈거파우더 70g
박력분 20g
발효 버터 15g
달걀흰자 65g
설탕 15g

1 발효 버터를 중탕으로 녹인다.

2 볼에 달걀, 아몬드파우더, 슈거파우더를 넣고 뽀얗게 휘핑한다.

3 다른 볼에 달걀흰자를 넣고 설탕을 2번 나누어 넣어 뿔이 흔들리는 부드러운 머랭을 만든다.

4 ②에 ③의 머랭 1/2을 넣고 주걱으로 섞는다.

5 체 친 박력분을 넣고 섞은 다음 남은 머랭과 ①을 넣고 섞는다.

　　코코넛 비스퀴 조콩드　코코넛파우더 15g을 체 친 박력분과 함께 넣고 섞는다.

6 팬에 평평하게 팬닝한 후, 220℃로 예열된 오븐에 넣고 굽는다.

　　라즈베리 비스퀴 조콩드　팬닝한 반죽 위에 냉동 라즈베리 크럼 30g을 뿌린다.

　　코코넛 비스퀴 조콩드　팬닝한 반죽 위에 롱 코코넛 20g을 뿌린다.

7 완전히 식은 후, 알맞은 크기로 자른다.

화이트초콜릿 글라사주

Ingredients

물 105g
설탕 210g
물엿 210g
연유 140g
화이트초콜릿 210g
가루 젤라틴 13g
찬물 78g

1 냄비에 물, 설탕, 물엿을 넣고 103℃까지 끓인 후, 미리 찬물에 불려놓은 가루 젤라틴을 넣고 녹인다.

2 볼에 연유, 중탕으로 녹인 화이트초콜릿을 넣고 매끈하게 섞은 다음 ①을 넣고 섞는다.

   tip 원하는 색의 색소를 소량 더해 함께 섞으면 컬러 글라사주가 된다.

3 냉장고에서 하루 정도 휴지시킨다.

   tip 휴지 없이 바로 사용할 수도 있지만 하루 정도 휴지시키면 기포가 안정되어 조금 더 매끄럽고 광택이 나는 글라사주가 된다. 휴지한 다음 사용할 때는 반드시 30~35℃ 정도의 적정온도로 녹인 후 씌운다.

피스타치오 체리 무스
Pistachio Cherry Mousse

이탈리아 시칠리아산 피스타치오 페이스트의 깊고 고소한 피스타치오의 풍미와 우아한 향의
아마레나 체리, 키르슈의 클래식한 조화를 느낄 수 있는 묵직한 텍스처의 무스.

화이트초콜릿 글라사주

바닐라 키르슈 크레뫼

아마레나 체리

피스타치오 무스

체리 쥬레

피스타치오 다쿠아즈

> **Ingredients**   지름 6.5cm 높이 5.5cm 피스타치오 체리 무스 6개

피스타치오 다쿠아즈
아몬드파우더 63g
슈거파우더 63g
달걀 85g
달걀노른자 10g
박력분 8g
전분 12g
피스타치오 페이스트 25g
달걀흰자 50g
설탕 13g
발효 버터 5g

체리 쥬레
체리 퓨레 50g
설탕 10g

꿀 10g
레몬즙 6g
판 젤라틴 3g
키르슈 5g

바닐라 키르슈 크레뫼
우유 20g
생크림 54g
바닐라빈 1/2개
달걀노른자 20g
설탕 75g
판 젤라틴 2g
생크림 56g
키르슈 5g
아마레나 체리 6개

피스타치오 무스
우유 100g
생크림 57g
잘게 다진 구운 피스타치오 8g
달걀노른자 24g
설탕 32g
판 젤라틴 4g
피스타치오 페이스트 30g
생크림 127g
화이트 럼 4g

화이트초콜릿 글라사주
만드는 법 232쪽 참고

⊕ 녹색 색소 적당량

> **Preparation**

- 오븐은 180℃로 예열한다.
- 판 젤라틴은 물에 불린 뒤 키친타월에 올려 물기를 빼놓는다.
- 가루 젤라틴은 전해진 용량의 물과 섞어 미리 불려놓는다.
- 바닐라빈은 칼로 가운데를 길게 잘라 칼등으로 씨를 긁어 준비한다.

1 볼에 아몬드파우더, 슈거파우더, 달걀, 달걀노른자를 넣고 뽀얗게 휘핑한다.

2 체 친 박력분, 전분을 넣고 섞은 후, 피스타치오 페이스트를 넣고 섞는다.

3 다른 볼에 달걀흰자를 풀고, 설탕을 넣어 휘핑해 뿔이 단단하고 뾰족하게 서는 머랭을 만든다.

4 ②와 ③을 섞고, 발효 버터를 중탕으로 녹인 다음 넣어 섞는다.

5 33cm × 25cm 팬에 평평하게 펼치고 180℃로 예열된 오븐에서 20분간 굽는다. 다 구워지면 오븐에서 꺼내 완전히 식힌다.

체리 쥬레

6 냄비에 체리 퓨레와 설탕, 꿀, 레몬즙을 넣고 약불에 올려 끓인다.

7 냄비 테두리가 살짝 끓어오르면 판 젤라틴을 넣고 녹인 후 불에서 내린다.

8 키르슈를 넣고 섞은 다음 냉장고에서 차게 식히고, 바트에 부어 냉동실에서 1시간 이상 굳힌다.

⟨ 바닐라 키르슈 크레뫼 ⟩

9 냄비에 우유, 생크림, 긁어낸 바닐라빈 씨와 껍질을 넣고 불에 올려 데운다.

10 볼에 달걀노른자와 설탕을 넣고 설탕 알갱이가 보이지 않을 때까지 섞는다.

11 ⑩에 ⑨를 2번 나누어 넣으며 하나로 섞은 후, 다시 냄비로 옮겨 약불에서 천천히 75℃ 이상까지 끓인다. 어느 정도 농도가 나면 불에서 내린다.

12 미리 불려 물기를 뺀 판 젤라틴을 넣어 녹인 후 체에 내려 30℃까지 식힌다.

13 볼에 생크림과 키르슈를 넣고, 핸드믹서 날에 살짝 붙었다가 떨어지는 70% 정도까지 휘핑한 다음 ⑫ 와 섞는다.

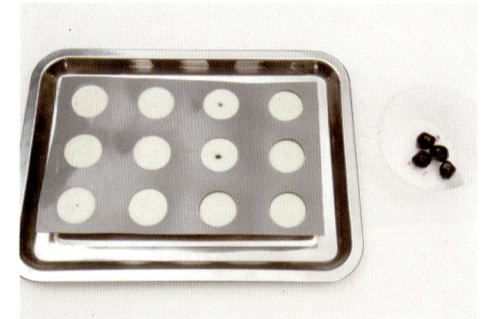

14 4cm 원형 돔틀의 2/3 높이까지 붓고 가운데 아마 레나 체리를 하나씩 넣는다. 틀의 나머지 1/3을 가 득 채우고 평평하게 정리한 후 냉동실에서 4시간 이상 굳힌다.

> 피스타치오 무스

15 냄비에 우유, 생크림, 잘게 다진 구운 피스타치오를 넣고 불에 올려 테두리가 살짝 끓어오르면 불을 끄 고 뚜껑을 덮어 5분 정도 우린다.

16 볼에 달걀노른자와 설탕을 넣고 설탕 알갱이가 보 이지 않을 때까지 저은 다음 ⑮를 넣고 섞은 후 다 시 냄비에 붓는다.

17 약불에 올려 저어가며 온도를 75℃ 이상으로 올려 농도를 내고 미리 불려 물기를 빼놓은 판 젤라틴을 넣고 녹인 다음 체에 내리고 피스타치오 페이스트 를 넣고 섞는다.

18 볼에 생크림과 화이트 럼을 넣고 핸드믹서 날에 살 짝 붙었다가 떨어지는 70% 정도까지 휘핑한다.

19 ⑰과 ⑱을 휘퍼로 들어주듯이 빠르게 하나로 섞고 바닥 아래까지 잘 섞이도록 주걱으로 한 번 더 섞는다.

20 피스타치오 다쿠아즈와 체리 쥬레를 지름 5.5cm 원형 쿠키 커터로 찍어 내고 피스타치오 다쿠아즈 위에 체리 쥬레를 올린다.

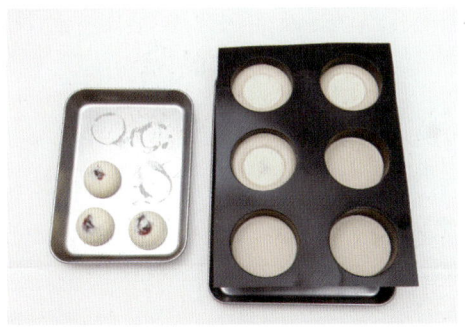

21 피스타치오 무스를 실리콘틀의 2/3 정도 붓고 가운데에 바닐라 키르슈 크레뫼를 넣는다.

22 틀에 ⑳을 뒤집어 올리고 스패튤라로 윗면을 평평하게 정리한 다음 냉동실에서 4시간 이상 굳힌다.

화이트초콜릿 글라사주

23 녹색 색소가 들어간 화이트초콜릿 글라사주(만드는 법 232쪽 참고)를 만든다.

완성하기

24 실리콘틀에서 잘 굳은 무스 ㉒를 꺼내고 식힘망 위에 올린 다음 적정온도(30~35℃)로 녹인 화이트초콜릿 글라사주를 붓는다.

이스파한 무스
Ispahan Mousse

피에르에르메의 마카롱을 이용한 디저트로 가장 유명한 '이스파한'을 무스로 재해석해 본 디저트.
우아한 장미 향과 라즈베리, 리치의 조화가 한 입에 마음을 사로잡는다.

화이트초콜릿 리치 무스

라즈베리 콩포트

로즈 라즈베리 리치 크레뫼

라즈베리 비스퀴 조콩드

⟨ **Ingredients** ⟩ 지름 6.5cm 높이 5cm 무스 이스파한 6개

╱ **라즈베리 비스퀴 조콩드**
  만드는 법 231쪽 참고

╱ **로즈 라즈베리 리치 크레뫼**
  장미향 산딸기 리치 퓨레 29g
  달걀 37g
  설탕 17g
  발효 버터 24g
  판 젤라틴 0.5g

╱ **라즈베리 콩포트**
  라즈베리 퓨레 64g
  설탕A 15g
  레몬즙 2g
  설탕B 3g
  펙틴 1g

╱ **화이트초콜릿 리치 무스**
  우유 40g

판 젤라틴 1.5g
바닐라빈 1/4개
화이트초콜릿 170g
리치 퓨레 26g
생크림 160g

╱ **화이트초콜릿 글라사주**
  만드는 법 232쪽 참고

⊕ 분홍색 색소 적당량

⟨ **Preparation** ⟩

• 오븐은 220℃로 예열하고 중탕물을 끓여 준비한다.
• 가루 젤라틴은 찬물에 불리고, 판 젤라틴은 물에 불린 뒤 키친타월에 올려 물기를 빼놓는다.
• 바닐라빈은 칼로 가운데를 길게 갈라 칼등으로 씨만 긁어 준비한다.
• 설탕B와 펙틴은 미리 섞어놓는다.

1 비스퀴 조콩드 반죽(만드는 법 231쪽 참고)을 33cm × 25cm 팬에 팬닝한 후, 냉동 라즈베리 크럼을 골고루 뿌린다.

2 220℃로 예열된 오븐에서 약 6분간 굽는다.

3 완전히 식은 후, 지름 4cm 쿠키 커터로 찍어 낸다.

4 냄비에 라즈베리 퓨레와 설탕A, 레몬즙을 넣고 설탕이 녹을 때까지 살짝 끓인다.

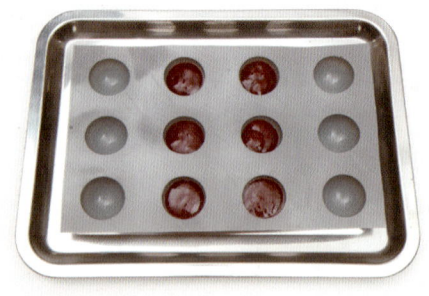

5 미리 섞어둔 설탕B와 펙틴을 끓고 있는 ④에 넣고 녹인다.

6 불을 끄고 한 김 식힌 후, 4cm 원형 실리콘틀의 50%까지 붓고 냉동실에서 6시간 이상 굳힌다.

7 냄비에 장미향 산딸기 리치 퓨레를 넣고 테두리가 살짝 끓어오를 때까지 끓인다.

8 볼에 달걀과 설탕을 넣어 휘핑한 다음 ⑦에 넣고 온도를 80℃ 이상으로 올리며 살짝 걸쭉해질 때까지 끓인다.

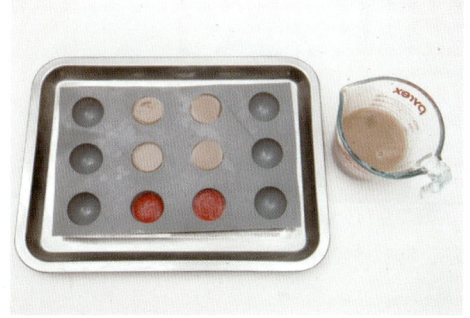

9 불에서 내린 후, 발효 버터와 미리 불려 물기를 빼놓은 판 젤라틴을 넣어 매끈하게 섞고 체에 내린다.

10 한 김 식힌 후, ⑥의 틀에 붓고 냉동실에서 6시간 정도 굳힌다.

11 냄비에 우유, 미리 불려 물기를 빼놓은 판 젤라틴, 바닐라빈 씨를 넣고 끓인다.

12 볼에 화이트초콜릿과 리치 퓨레를 넣고 ⑪을 부어 섞은 다음 약 25℃ 정도로 식힌다.

13 생크림을 핸드믹서 날에 붙고 살짝 뿔이 생기는 80% 정도로 휘핑한 다음 ⑫와 섞고 지름 6.5cm 꽃잎 모양 실리콘틀에 70% 정도 붓는다.

14 ⑩을 틀에서 꺼낸 다음 ⑬에 넣는다. 남은 무스를 꽃잎 모양 실리콘틀의 90%까지 붓고 ③으로 덮은 후 6시간 이상 냉동실에서 굳힌다.

tip 냉동실에 넣기 전에 윗면을 스패튤라로 평평하게 정리한다.

화이트초콜릿 글라사주

15 냄비에 물, 설탕, 물엿을 넣고 103℃까지 끓인 후, 미리 찬물에 불려놓은 가루 젤라틴을 넣고 녹인다.

16 볼에 연유, 중탕으로 녹인 화이트초콜릿, ⑮를 넣고 매끄럽게 섞은 다음 분홍색 색소를 넣고 섞어 냉장고에서 하루 정도 휴지시킨다.

완성하기

17 실리콘틀에서 잘 굳은 무스 ⑭를 꺼내고 식힘망 위에 올린 다음 적정온도(30~35℃)로 녹인 화이트초콜릿 글라사주를 붓는다.

망고 트로피컬 무스

Mango Tropical Mousse

패션프루트 젤리와 트로피컬 퓨레가 들어간 향긋한 크레뫼에 코코넛 비스퀴 조콩드가 들어가
달콤함과 상큼함을 즐기고 싶은 날에 잘 맞는 부드러운 망고 무스.

화이트초콜릿 글라사주 — 망고 무스

트로피컬 크레뫼 — 패션프루트 젤리

코코넷 비스퀴 조콩드

Ingredients 지름 18cm 높이 5cm 무스 1개

／ **코코넛 비스퀴 조콩드**
만드는 법 231쪽 참고

／ **패션프루트 젤리**
망고 퓨레 15g
패션프루트 퓨레 95g
설탕 12g
레몬즙 4g
판 젤라틴 4g

／ **트로피컬 크레뫼**
생크림 90g

달걀노른자 30g
설탕 25g
트로피컬 퓨레 30g
판 젤라틴 2.5g

／ **망고 무스**
우유 100g
달걀노른자 60g
설탕 40g
판 젤라틴 9g
패션프루트 퓨레 20g

망고 퓨레 50g
생크림 300g
설탕 10g

／ **화이트초콜릿 글라사주**
만드는 법 232쪽 참고

⊕ 노란색 색소 적당량
생망고 조금

Preparation

• 오븐은 220℃로 예열한다.
• 판 젤라틴은 물에 불린 뒤 키친타월에 올려 물기를 빼놓는다.
• 가루 젤라틴은 정해진 용량의 물과 섞어 미리 불려놓는다.
• 지름 15cm 무스틀에 바닥 부분을 래핑한다.

코코넛 비스퀴 조콩드 굽기

1 비스퀴 조콩드 반죽(만드는 법 231쪽 참고)을 33cm × 25cm팬에 팬닝한 후 롱 코코넛 20g을 골고루 뿌린 다음 슈거파우더를 2번 뿌린다.

2 220℃로 예열된 오븐에서 약 9분간 굽는다.

3 완전히 식은 후, 지름 15cm 무스틀로 찍어 낸다.

패션프루트 젤리

4 냄비에 망고 퓨레, 패션프루트 퓨레, 설탕, 레몬즙을 넣고 설탕이 녹을 정도로 살짝 끓인 후, 미리 불려 물기를 뺀 판 젤라틴을 넣고 녹인다.

5 15cm 원형 무스틀에 붓고 냉동실에서 2시간 이상 굳힌다.

트로피컬 크레뫼

6 냄비에 생크림과 트로피컬 퓨레를 살짝 데우고 볼에 달걀노른자와 설탕을 넣고 섞는다. 설탕이 살짝 녹으면 데운 생크림과 트로피컬 퓨레를 넣고 하나로 섞는다.

7 다시 냄비에 모두 붓고 약불에 올린 다음 온도를 천천히 80℃ 이상으로 올려 묽은 스프 같은 농도를 낸다.

8 불에서 내려 미리 불려 물기를 빼놓은 판 젤라틴을 넣어 녹이고 체에 거른다.

9 온기가 없이 완전히 식으면 ⑤ 위에 부어 굳힌다.

〈 망고 무스 〉

10 볼에 패션프루트 퓨레와 망고 퓨레를 넣고 중탕으로 녹인다.

11 냄비에 우유를 살짝 데우고, 다른 볼에 달걀노른자와 설탕을 넣고 젓는다. 설탕이 살짝 녹으면 데운 우유를 넣고 섞는다.

12 다시 냄비에 붓고 약불에 올린 다음 온도를 80℃ 이상 올려 농도를 낸다.

13 미리 불려 물기를 빼놓은 판 젤라틴을 넣어 녹이고 체에 내려 ⑩과 섞은 다음 차게 식힌다.

14 볼에 생크림, 설탕을 넣고 핸드믹서 날에 살짝 붙 었다가 떨어지는 70% 정도로 휘핑한 다음 ⑬을 넣고 주걱으로 섞는다.

15 망고 무스를 지름 18cm 실리콘틀의 2/3까지 붓고 굳힌 패션프루트 젤리와 트로피컬 크레뫼를 넣은 다음 남은 망고 무스를 붓는다.

16 지름 15cm 크기로 자른 코코넛 비스퀴 조콩드를 넣고 스패튤라로 평평하게 정리한 다음 냉동실에 서 4시간 이상 굳힌다.

화이트초콜릿 글라사주

17 냄비에 물, 설탕, 물엿을 넣고 103℃까지 끓인 후, 미 리 찬물에 불려놓은 가루 젤라틴을 넣고 녹인다.

18 볼에 연유, 중탕으로 녹인 화이트초콜릿, ⑰을 넣고 매끈하게 섞은 다음 노란색 색소를 넣고 섞어 냉장 고에서 하루 정도 휴지시킨다.

19 실리콘틀에서 잘 굳은 무스 ⑯을 꺼내고 식힘망 위에 올린 다음 적정온도(30~35℃)로 녹인 화이트 초콜릿 글라사주를 붓는다.

20 생망고를 잘라 차갑게 굳힌 무스 위에 올린다.

CHEF'S TOUCH

• 2가지의 컬러 글라사주의 대비를 이용하면 조금 더 특별한 디저트를 만들 수 있다. 먼저 씌운 글라사주가 굳기 전에 다른 색 색소를 넣은 컬러 글라사주를 흘리듯 얇게 부어 자연스러운 무늬를 만든다.

• 망고 제품을 만들 때 망고 퓨레만 사용하면 자칫 밋밋한 맛이 날 수 있다. 패션프루트 퓨레나 트로피칼 퓨레를 적절히 섞어 사용하면 더 상큼한 향이 난다.

민트 딜 레몬 무스

Mint Dill Lemon Mousse

퓨어 민트 티와 딜을 우려 청량한 맛을 살린 민트 딜 무스와 부드러운 바닐라 디플로마트 크림과
어우러진 새콤한 레몬 콩포트, 달콤함을 품은 바삭한 머랭쿠키까지. 언뜻 어울리지 않아 보이는
재료들이 조화롭게 어우러지면서 다양한 맛과 식감을 느낄 수 있는 매력적인 무스다.

스위스 머랭 쿠키

디플로마트 크림

레몬 콩포트

민트 딜 무스

Ingredients   지름 5cm 민트 딜 레몬 무스 6개

⁄ **스위스 머랭 쿠키**
달걀흰자 50g
설탕 50g
슈거파우더 50g
바닐라 에센스 2~3방울

⁄ **민트 딜 무스**
우유 150g
퓨어 민트 티 6g
다진 딜 5g

달걀노른자 24g
설탕 32g
판 젤라틴 4g
생크림 127g
화이트 럼 4g

⁄ **레몬 콩포트 인서트**
브와롱 레몬 콩포트 36g

⁄ **디플로마트 크림**
우유 98g

마다가스카르 바닐라빈 1/2개
설탕 22g
달걀노른자 28g
전분 6g
박력분 4g
키르슈 2g
마스카르포네 치즈 12g
생크림 68g

Preparation

• 오븐은 60℃로 예열한다.
• 판 젤라틴은 물에 불린 뒤 키친타월에 올려 물기를 빼놓는다.
• 바닐라빈은 칼로 가운데를 길게 갈라 칼등으로 씨만 긁어 준비한다.

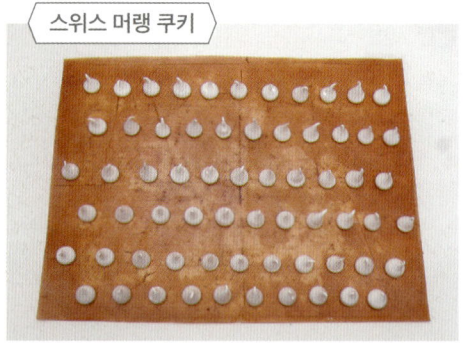

스위스 머랭 쿠키

1 원형 깍지를 이용해 스위스 머랭 쿠키(만드는 법 29쪽 참고)를 만든다.

레몬 콩포트 인서트

2 랩에 레몬 콩포트를 6g씩 올리고 동그랗게 말아 냉 동실에서 30분 이상 얼린다.

민트 딜 무스

3 냄비에 우유, 퓨어 민트 티, 다진 딜을 넣고 테두리 가 살짝 끓어오를 때까지 끓인 후, 불을 끄고 뚜껑을 덮어 5분간 우린다.

4 볼에 달걀노른자와 설탕을 넣고 설탕이 알갱이가 보이지 않을 때까지 저은 다음 ③을 2번 나누어 넣 으며 섞는다.

5 다시 냄비에 붓고 약불에 올려 저어가며 온도를 75℃ 이상으로 올려 농도를 낸다.

6 미리 불려 물기를 뺀 판 젤라틴을 넣어 녹이고 체에 깨끗하게 내린 뒤 얼음물에서 차게 식힌다.

7 볼에 생크림과 화이트 럼을 넣고 핸드믹서 날에 붙고 살짝 뿔이 생기는 80% 정도까지 휘핑한다.

8 ⑥과 ⑦의 생크림을 하나로 섞는다.

9 민트 딜 무스를 지름 5cm 실리콘틀의 2/3 정도 채우고 동그랗게 얼린 레몬 콩포트를 넣는다.

10 남은 틀에 무스를 가득 채우고 스패튤라로 평평하게 정리한 다음 냉동실에서 4시간 이상 굳힌다.

디플로마트 크림

11 냄비에 우유, 마다가스카르 바닐라빈 씨를 넣고 살짝 끓인다.

12 볼에 달걀노른자, 설탕을 넣고 설탕 알갱이가 보이지 않을 때까지 섞은 다음 체 친 전분과 박력분을 넣고 섞는다.

13 ⑪을 ⑫에 넣고 주걱으로 섞어준 뒤, 다시 냄비에 붓는다.

14 냄비 바닥 크기의 강불로 끓이며 농도를 내준다. 바닥이 눌어붙지 않게 주걱으로 젓는다.

15 보글보글 끓으면 불을 끄고 체에 깨끗하게 내린다.

16 주걱으로 저어주면서 한 김 식힌 다음 밀착 래핑하여 냉장고에서 차갑게 식힌다.

17 볼에 생크림과 마스카르포네 치즈, 키르슈를 넣고 단단하게 뿔이 생기고 질감이 거칠어지기 시작하는 90% 정도로 휘핑한다.

18 ⑯을 주걱으로 덩어리 없이 풀어준 후, 휘핑한 ⑰에 넣고 하나가 되도록 섞어 디플로마트 크림을 완성한다.

완성하기

19 민트 딜 무스를 실리콘틀에서 꺼내고 작은 스패튤라를 이용해 디플로마트 크림을 무스 겉면에 5mm 정도 두께로 동그랗게 바른다.

20 디플로마트 크림 위에 스위스 머랭 쿠키를 붙이고 딜과 레몬제스트로 장식한다.

초콜릿 무스
Chocolate Mousse

'초콜릿의, 초콜릿을 위한, 초콜릿에 의한' 초콜릿의 진한 맛을 제대로 느낄 수 있는
진짜 초콜릿 무스. 바삭한 초코 사블레 위에 진한 다크초콜릿 무스와 부드러운 밀크초콜릿 가나슈,
고소한 아몬드가 알알이 박힌 초콜릿 코팅이 진한 달콤함이 필요한 날 마음을 달래준다.

아몬드초콜릿 코팅

다크초콜릿 무스

초코 사블레

샹티 크림

밀크초콜릿 가나슈

> Ingredients 8cm × 3cm 높이 3cm 초콜릿 무스 5개

╱ 초코 사블레
발효 버터 77g
설탕 63g
소금 1.4g
달걀노른자 35g
박력분 84g
코코아파우더 14g

╱ 다크초콜릿 무스
55% 다크초콜릿 90g

우유 90g
판 젤라틴 3g
생크림 69g

╱ 밀크초콜릿 가나슈
밀크초콜릿 50g
생크림 35g
발효 버터 5g
다크 럼 4g

╱ 아몬드초콜릿 코팅
55% 다크초콜릿 200g
구운 다진 아몬드 60g

╱ 샹티 크림
생크림 80g
마스카르포네 치즈 15g
설탕 13g
다크 럼 4g

> Preparation

• 오븐은 160℃로 예열한다.
• 판 젤라틴은 물에 불린 뒤 키친타월에 올려 물기를 빼놓는다.

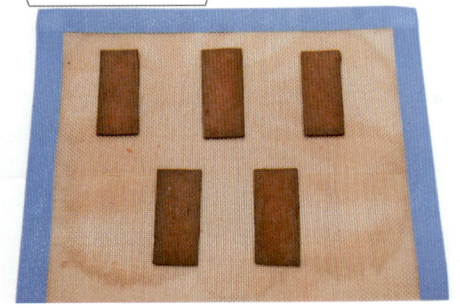

1 초코 사블레 반죽(만드는 법 180쪽 참고)에 덧가루를 뿌리고 3mm 두께로 민다. 9cm × 4cm로 자른 다음 160℃ 예열된 오븐에서 약 15분간 굽는다.

2 볼에 다크초콜릿을 넣고 중탕으로 녹인다.

3 냄비에 우유를 살짝 데우고 미리 불려 물기를 뺀 판 젤라틴을 넣고 녹인 다음 ②를 붓고 매끈하게 섞는다.

4 다른 볼에 생크림을 넣고 핸드믹서 날에 살짝 붙었다가 떨어지는 70% 정도로 휘핑한다.

5 ③의 온도를 25℃로 맞춰 ④에 넣고 섞은 후, 8cm × 3cm 실리콘틀에 90% 정도 부어 냉동실에서 3시간 이상 굳힌다.

6 볼에 밀크초콜릿과 생크림을 넣고 중탕으로 녹인 다음 매끈하게 섞는다. 발효 버터를 넣고 녹이고 다크 럼을 넣고 섞는다.

7 무스를 굳힌 실리콘틀 ⑤에 붓고 스패튤라로 윗면을
평평하게 정리한 후, 냉동에서 2시간 이상 굳힌다.

아몬드초콜릿 코팅

8 다크초콜릿을 템퍼링한 후, 구운 다진 아몬드를 넣
고 섞는다.

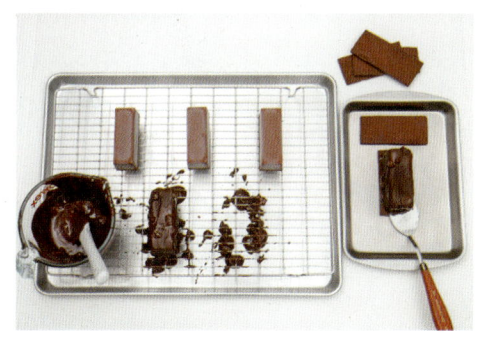

9 ⑦을 실리콘틀에서 꺼내고 위에 ⑧을 전체적으로
부은 다음 옆에 흐른 초콜릿을 정리하고 완전히 식
은 초코 사블레 위에 올린다.

샹티 크림

10 볼에 생크림, 마스카르포네 치즈, 설탕, 다크 럼을
넣고 핸드믹서 날에 붙고 살짝 뿔이 생기는 80%
이상으로 휘핑한다.

완성하기

11 ⑩을 시폰 깍지를 낀 짤주머니에 담아 무스 위에
짜고 초콜릿 장식을 올린다.

CHEF'S TOUCH

• 초콜릿은 온도에 민감하다. 봉투에 들어 있는
초콜릿도 녹았다 굳으면 템퍼링이 깨지기 때
문에 더운 여름에는 꼭 냉장고에서 보관한다.

LOISIR.

화이트 몽블랑 무스

White Montblanc Mousse

새하얀 눈을 닮은 화이트초콜릿 무스 안에 은은한 달콤함을 가진 밤 크림&무스, 보늬밤이 어우러진
몽블랑 무스. 얼음의 깨끗한 투명함을 그대로 담은 이소말트 장식으로 특별함을 더했다.

화이트초콜릿 글라사주
보늬밤
밤 무스
아몬드 머랭 다쿠아즈
화이트초콜릿 무스
밤 크림
오렌지 콩포트

Ingredients 　지름 18cm 무스 1개

／아몬드 머랭 다쿠아즈
　달걀흰자 30g
　바닐라 에센스 3방울
　설탕 15g
　아몬드파우더 18g
　슈거파우더 12g

／오렌지 콩포트
　오렌지 과육 50g
　오렌지 퓌레 30g
　오렌지제스트 1개 분량
　설탕A 30g
　레몬즙 7g
　설탕B 10g

　펙틴 2g

／밤 크림
　밤 페이스트 40g
　밤 퓌레 20g
　생크림A 10g
　생크림B 50g
　다크 럼 4g

／밤 무스
　우유 60g
　달걀노른자 21g
　설탕 8g
　판 젤라틴 2.4g

　밤 페이스트 24g
　생크림 40g
　다크 럼 2g
　보늬밤 25g

／화이트초콜릿 무스
　우유 50g
　판 젤라틴 3g
　화이트초콜릿 100g
　생크림 200g

／화이트초콜릿 글라사주
　만드는 법 232쪽 참고

⊕ 이소말트 칩 적당량 _22쪽 참고

Preparation

· 오븐은 160℃로 예열한다.
· 판 젤라틴은 물에 불린 뒤 키친타월에 올려 물기를 빼놓는다.
· 설탕B와 펙틴을 미리 섞어놓는다.
· 오렌지는 껍질을 벗겨 과육만 준비한다.

아몬드 머랭 다쿠아즈 굽기

1 볼에 달걀흰자와 바닐라 에센스를 풀고 설탕 5g을 넣어 휘핑한다. 윤기가 나고 볼륨이 생기면 나머지 설탕을 넣고 휘핑해 뿔이 단단하고 뾰족하게 서는 머랭을 만든다.

2 체 친 아몬드파우더와 슈거파우더를 넣고 주걱으로 반죽이 살짝 매끈해지도록 섞는다.

오렌지 콩포트

3 ②를 지름 1cm 원형 깍지를 낀 짤주머니에 담고, 팬에 지름 18cm 링을 2개 짠다. 위에 슈거파우더를 2번 뿌리고 160℃로 예열된 오븐에서 약 15분 굽는다.

4 냄비에 오렌지 과육, 오렌지 퓨레, 오렌지제스트, 설탕A, 레몬즙을 넣고 설탕이 녹고 전체적으로 거품이 끓어오를 때까지 끓인다.

밤 크림

5 미리 섞어둔 설탕B와 펙틴을 넣고 섞어 되직하게 농도를 내고 불에서 내려 차갑게 식힌다.

6 볼에 밤 페이스트를 넣고 주걱으로 덩어리 없이 풀어준 후, 밤 퓨레와 생크림A를 넣고 다시 부드럽게 푼다.

7 볼에 생크림B와 다크 럼을 넣고 핸드믹서 날에 붙고 살짝 뿔이 생기는 80% 이상으로 휘핑한 다음 ⑥에 넣고 주걱으로 가볍게 섞는다.

8 냄비에 우유를 넣고 살짝 데운다.

9 볼에 달걀노른자와 설탕을 넣고 설탕이 살짝 녹을 때까지 섞은 다음 ⑧을 넣고 섞는다.

10 다시 냄비에 붓고 약불에 올려 온도를 천천히 75℃ 이상 올리며 농도를 낸다.

11 불을 끄고 미리 불려 물기를 뺀 판 젤라틴을 넣어 녹이고 체에 내린 뒤 식힌다.

12 밤 페이스트를 주걱으로 매끈하게 푼 다음 ⑪에 넣고 덩어리 없이 섞는다.

tip 덩어리가 남아 있으면 체에 한 번 내린다.

13 다른 볼에 생크림과 다크 럼을 넣어 핸드믹서 날에 붙고 살짝 뿔이 생기는 80% 정도까지 휘핑하고, ⑫ 를 넣어 섞은 후 되직한 정도가 될 때까지 식힌다.

14 완전히 식은 다쿠아즈 위에 오렌지콩포트를 샌딩 하고 그 위에 다쿠아즈를 올린다.

15 15cm, 7.5cm 무스틀을 끼우고 짤주머니에 밤 크림 과 밤 무스를 담아 ⑭ 위에 골고루 짠다. 먹기 좋은 크기로 자른 보늬밤을 올리고 냉동실에서 1시간 이 상 굳힌다.

화이트초콜릿 무스

16 냄비에 우유를 넣고 약불에서 살짝 데운 후, 미리 불려 물기를 빼놓은 판 젤라틴을 넣고 녹인다.

17 볼에 화이트초콜릿을 넣고 중탕으로 녹인 후 ⑯을 넣어 섞고 35℃까지 식힌다.

18 다른 볼에 생크림을 넣고 핸드믹서 날에 살짝 붙 었다가 떨어지는 70% 정도까지 휘핑한 다음 ⑰에 넣고 하나로 섞는다.

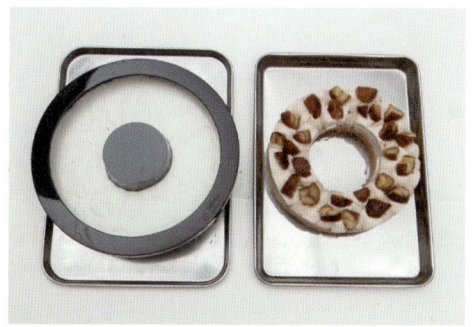

19 지름 18cm 실리콘틀에 ⑱을 붓고 ⑮를 뒤집어 넣는다. 스패튤라로 윗면을 평평하게 정리한 다음 냉동실에서 4시간 이상 굳힌다.

이소말트 칩 만들기

20 테플론 시트 위에 이소말트를 뿌리고 170℃로 예열된 오븐에서 15분 정도 굽는다.

tip 이소말트를 한곳에 조금 뭉친 듯 넉넉히 뿌려야 나중에 모양 만들기가 좋다.

21 오븐에서 나오면 천천히 주걱으로 원하는 모양을 만든 후 완전히 식힌다.

완성하기

22 실리콘틀에서 잘 굳은 무스⑲를 꺼내고 식힘망 위에 올린 다음 적정온도(30~35℃)로 녹인 화이트 초콜릿 글라사주(만드는 법 232쪽 참고)를 붓는다.

23 이소말트 칩을 올려 마무리한다.

CHEF'S TOUCH

· 밤 페이스트와 밤 퓨레 두 가지를 준비하기 어렵다면 밤 퓨레보다는 되직한 밤 페이스트를 사용하는 것이 좋다. 밤 퓨레는 묽기 때문에 추가적으로 되직한 정도나 젤라틴 양을 조절해야 한다.

Class 6

MACARON × VERRINE

마카롱 × 베린느

소중한 누군가와 나눌 수 있는 색색의 달콤함을 품은 디저트.
사랑하는 이들과 함께 나눌 사랑스러운 오늘을 굽다.

마롱 블랙커런트 마카롱

Marron Blackcuurants Macaron

달달한 프랑스 밤 페이스트로 만든 마롱 크림과 '까막까치밥'이라고 불리는 강렬한 새콤함을 지닌
블랙커런트 콩포트의 만남이 새로운 이탈리안 머랭 마카롱.

코크

마롱 크림

블랙커런트 콩포트

Ingredients
지름 4cm 마카롱 36~40개

코크
아몬드파우더 300g
슈거파우더 300g
달걀흰자A 112g
설탕 300g
물 75g
달걀흰자B 110g

보라색 색소 적당량

마롱 크림
발효 버터 115g
밤 퓨레 117g
밤 페이스트 77g
다크 럼 6g

블랙커런트 콩포트
블랙커런트 100g
설탕A 35g
레몬즙 10g
설탕B 10g
펙틴 3g
화이트 럼 5g

Preparation

- 오븐은 150℃로 예열한다.
- 발효 버터는 실온에 미리 꺼내두어 말랑말랑한 포마드 상태로 준비한다.
- 테플론 시트 아래 깔 종이에 미리 지름 4cm 원을 그린다.
- 설탕B와 펙틴은 미리 섞어놓는다.

1 볼에 체 친 아몬드파우더와 슈거파우더, 달걀흰자A 를 넣고 주걱으로 섞는다.

2 냄비에 물과 설탕을 넣고 118℃까지 끓인 다음 살짝 거품이 생길 정도로 휘핑한 달걀흰자B에 붓고 윤기 가 나는 빡빡한 상태의 이탈리안 머랭이 될 때까지 섞는다.

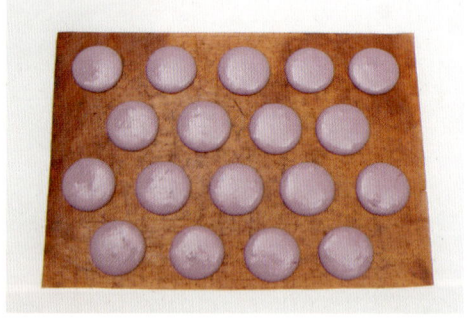

3 보라색 색소와 ②를 ①에 2번 나누어 넣고 주걱으로 섞어 기포를 죽이는 마카로나주를 한다.

tip 떴을 때 '끊어지지 않고 주르륵 흐르면서 반죽이 리 본처럼 차곡차곡 접히는 상태'가 될 때까지만 섞는다.

4 지름 4cm 원이 그려진 종이 위에 테플론 시트를 올 리고, 짤주머니에 반죽을 담아 원 크기에 맞춰 짠다.

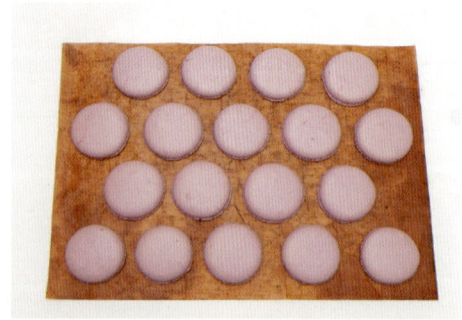

5 150℃로 예열된 오븐에서 약 12분 굽고 구워져 나온 코크는 완전히 식힌 후, 테플론 시트에서 떼어내 2 개씩 짝을 맞춘다.

6 볼에 밤 퓨레, 밤 페이스트, 다크 럼을 넣고 핸드믹 서로 푼다.

tip 핸드믹서로 풀어도 밤 퓨레와 밤 페이스트가 덩어 리 없이 잘 풀어지지 않으면 체에 한 번 내린다.

7 다른 볼에 발효 버터를 넣고 핸드믹서로 부드럽게
풀어준 후, ⑥을 넣고 뽀얗게 휘핑한다.

8 완성된 마롱 크림을 짤주머니에 담는다.

> 블랙커런트 콩포트

9 냄비에 블랙커런트, 설탕A, 레몬즙을 넣고 중불에서
설탕이 녹고 주변이 살짝 끓을 때까지 끓인다.

10 미리 섞어둔 설탕B와 펙틴을 넣어 녹인 다음 불에
서 내리고 화이트 럼을 섞은 후 차갑게 식힌다.

11 짤주머니에 담은 마롱 크림을 잘 식은 코크에 동그
랗게 짠 후 가운데에 숟가락으로 블랙커런트 콩포
트를 올린다.

12 짝을 맞추어 코크를 덮고 냉동실에서 하루 정도 숙
성시킨 다음 냉장고로 옮긴다.

바질 사과 마카롱
Basil Apple Macaron

요리 식재료로 자주 사용되는 바질을 활용해 만든 버터 크림과 상큼한 청사과 마멀레이드를
함께 샌딩한 마카롱. 바질의 향긋함과 사과의 상큼함이 색다르다.
제철 청사과를 사용하는 것이 가장 좋지만 나지 않는 철에는 빨간 사과도 좋다.

코크

바질 버터 크림

청사과 마멀레이드

> **Ingredients**   지름 4cm 마카롱 36~40개

코크
아몬드파우더 300g
슈거파우더 300g
달걀흰자A 112g
설탕 300g
물 75g
달걀흰자B 110g

녹색 색소 적당량

바질 버터 크림
우유 67g
달걀노른자 52g
설탕 34g
발효 버터 200g
바질페스토 30g

청사과 마멀레이드
청사과 150g
설탕A 35g
레몬즙 25g
설탕B 15g
펙틴 4g

> **Preparation**

- 오븐은 150℃로 예열한다.
- 발효 버터는 실온에 미리 꺼내두어 말랑말랑한 포마드 상태로 준비한다.
- 테플론 시트 아래 깔 종이에 미리 지름 4cm 원을 그린다.
- 설탕B와 펙틴은 미리 섞어놓는다.

1 볼에 체 친 아몬드파우더와 슈거파우더, 달걀흰자A 를 넣고 주걱으로 섞는다.

2 냄비에 물과 설탕을 넣고 118℃까지 끓인 다음 살짝 거품이 생길 정도로 휘핑한 달걀흰자B에 붓고 윤기 가 나는 빡빡한 상태의 이탈리안 머랭이 될 때까지 섞는다.

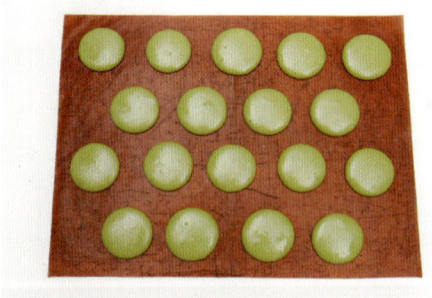

3 녹색 색소와 ②를 ①에 2번 나누어 넣고 주걱으로 섞어 기포를 죽이는 마카로나주를 한다.
tip 떴을 때 '끊어지지 않고 주르륵 흐르면서 반죽이 리 본처럼 차곡차곡 접히는 상태'가 될 때까지만 섞는다.

4 지름 4cm 원이 그려진 종이 위에 테플론 시트를 올 리고, 짤주머니에 반죽을 담아 원 크기에 맞춰 짠다.

5 150℃로 예열된 오븐에서 약 12분 굽고 구워져 나온 코크는 완전히 식힌 후, 테플론 시트에서 떼어내 2개 씩 짝을 맞춘다.

6 냄비에 우유를 넣고 중불에서 살짝 끓인다.

7 볼에 달걀노른자, 설탕을 넣고 설탕 알갱이가 보이지 않을 때까지 섞은 다음 ⑥의 우유를 붓고 섞는다.

8 다시 냄비에 붓고 약불에 올려 걸쭉한 농도가 될 때까지 주걱으로 천천히 저어가며 앙글레즈 크림을 만든다.

9 체에 거른 다음 온기 없이 식힌다.

10 볼에 발효 버터를 넣고 핸드믹서로 한 번 풀어준 후, ⑨의 앙글레즈 크림을 4번 정도 나누어 넣으며 뽀얗게 휘핑한다.

11 바질페스토를 넣고 휘핑한다.

12 완성된 바질 버터 크림을 짤주머니에 담는다.

13 청사과는 껍질을 깐 다음 0.5cm 정도의 크기로 깍둑썰기한다.

14 냄비에 깍둑썰기한 청사과와 설탕A, 레몬즙을 넣고 중불에 올려 끓인다.

완성하기

15 미리 섞어둔 설탕B와 펙틴을 넣고 섞는다. 알갱이가 다 녹으면 불을 끄고 완전히 차게 식힌다.

16 짤주머니에 담은 바질 크림을 잘 식은 코크에 동그랗게 짠 후, 청사과 마멀레이드를 가운데에 올린다.

17 짝을 맞추어 코크를 덮는다. 냉동실에서 하루 정도 숙성한 다음 냉장고로 옮긴다.

CHEF'S TOUCH

• 쫄깃함이 특징인 이탈리안 머랭을 이용해 만든 마카롱은 숙성 후 먹으면 더 깊은 맛을 느낄 수 있다.

• 마카로나주를 너무 많이 하게 되면 기포가 과하게 죽어 구웠을 때 코크가 퍼지고 마카로나주를 너무 적게 하면 매끈하지 않고 뿔이 생기기도 한다. 섞으며 반죽이 차곡차곡 접히는 상태가 됐는지 집중해서 확인하고 너무 되직하거나 묽게 되지 않도록 주의한다.

복숭아 얼 그레이 베린느
Peach Earl Grey Verrine

핑크빛 백도를 당도 높은 화이트와인으로 절여 만든 복숭아 소스, 바닐라 사바용 크림,
비스퀴 아라 퀴이에르, 베르가모트 향 가득한 얼 그레이 젤리가 어우러져
은은하지만 선명한 단맛을 내는 아름다운 베린느.

얼 그레이 젤리 ─
바닐라 사바용 크림 ─
─ 비스퀴 아라 퀴이에르
─ 복숭아 화이트와인 소스

Ingredients   지름 5cm 높이 13cm 베린느 2개

비스퀴 아라 퀴이에르
달걀흰자 31g
설탕 25g
달걀노른자 20g
박력분 13g
전분 12g
슈거파우더 적당량

복숭아 화이트와인 소스
백도 60g
30보메 시럽 60g

스위트 화이트와인A 30g
스위트 화이트와인B 90g
설탕A 18g
레몬즙 4g
설탕B 6g
펙틴 1.5g

바닐라 사바용 크림
달걀노른자 80g
설탕 30g
스위트 화이트와인 30g

타히티 바닐라빈 1/4개
생크림 60g

얼 그레이 젤리
물 120g
얼 그레이 티 3g
설탕 30g
펙틴 1g
판 젤라틴 6g

Preparation

• 판 젤라틴은 물에 불린 뒤 키친타월에 올려 물기를 빼놓는다.
• 바닐라빈은 칼로 가운데를 길게 갈라 칼등으로 씨만 긁어 준비한다.
• 설탕B와 펙틴은 미리 섞어놓는다.   • 백도는 1.5cm 크기로 깍둑썰기해 준비한다.

복숭아 화이트와인 소스

1 볼에 백도, 30보메 시럽, 스위트 화이트와인A를 넣고 냉장고에서 4시간 이상 절인다.

2 냄비에 스위트 화이트와인B, 설탕A, 레몬즙을 넣고 설탕이 녹을 때까지 끓이고, 미리 섞어 둔 설탕B와 펙틴을 넣어 녹인 다음 다른 볼에 옮겨 얼음물에 식힌다.

3 ①에서 백도만 건져 ②에 넣어 섞는다.

바닐라 사바용 크림

4 볼에 달걀노른자, 설탕, 스위트 화이트와인, 타히티 바닐라빈 씨를 넣고 중탕에서 휘핑한다.

5 점점 크림화되어 농도가 생기면 중탕에서 내린 다음 얼음물에서 휘핑하며 차게 식힌다.

6 볼에 생크림을 넣고 핸드믹서 날에 살짝 붙고 뿔이 생기는 80% 정도까지 휘핑한 후, ⑤를 넣고 섞는다.

비스퀴 아라 퀴이에르

얼 그레이 젤리

7 비스퀴 아라 퀴이에르(만드는 법 134쪽 참고)를 1.5cm 정사각 크기로 자른다.

8 냄비에 물, 얼 그레이 티를 넣어 약불에서 끓이고 3분 정도 우린다. 설탕과 펙틴을 섞어 넣은 다음 주변이 살짝 끓을 정도까지 끓인다.

완성하기

9 미리 불려 물기를 빼놓은 판 젤라틴을 넣어 녹인 다음 체에 내린다. 얼음물에 식힌 뒤 바트에 부어 냉동한다.

10 지름 5cm 높이 13cm 유리컵 맨 아래에 복숭아 화이트와인 소스를 붓고 냉동실에서 2시간 이상 굳힌다.

11 유리컵에 바닐라 사바용 크림을 붓고 비스퀴 아라 퀴이에르를 올린 후 냉동실에서 2시간 굳힌다.

12 얼 그레이 젤리를 잘게 잘라 위에 얹고 얼 그레이 찻잎을 올려 모양낸다.

산딸기 유자 캐러멜 너츠 베린느
Wild Berry Yuja Caramel Nuts Verrine

유자 무스와 산딸기의 상큼함과 달콤한 캐러멜 샹티 크림, 호두 스트로이젤의 바삭함 식감까지
모두 즐길 수 있는 베린느. 마지막으로 캐러멜라이즈 호두를 올려 마무리해
오독오독한 크런치함까지 맛볼 수 있다.

캐러멜 샹티 크림
산딸기
캐러멜 아파레유
유자 무스
호두 스트로이젤

> **Ingredients**   지름 8cm 높이 8cm 베린느 3개

/ **캐러멜 아파레유**
설탕 90g
생크림 115g
발효 버터 55g
소금 1g

/ **호두 스트로이젤**
중력분 30g
설탕 30g
아몬드파우더 20g
다진 호두 15g
소금 0.5g

발효 버터 30g
/ **유자 무스**
달걀흰자 32g
설탕 48g
물 36g
유자청 45g
레몬즙 4g
판 젤라틴 3g
생크림 15g

/ **캐러멜 샹티 크림**
생크림 120g

마스카르포네 치즈 15g
설탕 8g
다크 럼 3g

/ **캐러멜라이즈 호두**
구운 호두 35g
설탕 15g
물 10g

⊕ 산딸기 30g

> **Preparation**

- 오븐은 160℃로 예열한다.
- 발효 버터는 실온에 미리 꺼내두어 말랑말랑한 포마드 상태로 준비한다.
- 판 젤라틴은 물에 불린 뒤 키친타월에 올려 물기를 빼놓는다.

캐러멜 아파레유

1 냄비에 설탕을 넣고 약불에 올려 캐러멜라이즈한 후, 따뜻하게 데운 생크림을 넣고 매끈하게 섞는다.

2 불에서 내려 발효 버터와 소금을 녹이고 다시 약불에 올린 다음 덩어리가 보이지 않을 때까지 끓인 후 체에 내려 식힌다. 만든 캐러멜 아파레유 중 30g은 다른 그릇에 따로 덜어놓는다.

호두 스트로이젤

3 볼에 모든 재료를 넣고 손으로 비벼서 보슬보슬하게 만든 후, 냉장고에서 약 30분간 휴지시킨다.

4 160℃로 예열된 오븐에서 10분 정도 굽는다.

유자 무스

5 볼에 달걀흰자를 넣고 살짝 거품이 올라오게 휘핑한다.

6 냄비에 설탕과 물을 넣어 끓이고 온도가 118℃까지 올라가면 ⑤에 천천히 부으며 고속 휘핑하여 단단하고 윤기나는 이탈리안 머랭을 만든다.

7 볼에 생크림을 넣고 핸드믹서 날에 살짝 붙었다가 떨어지는 70% 정도로 휘핑한 다음 ⑥을 넣고 하나로 섞는다.

8 볼에 유자청, 레몬즙, 미리 불려 물기를 뺀 판 젤라틴을 넣고 중탕에 올린다. 판 젤라틴이 다 녹으면 온기 없이 식힌 뒤 ⑦과 섞는다.

〉 캐러멜 샹티 크림 〈

〉 캐러멜라이즈 호두 〈

9 볼에 생크림, 마스카르포네 치즈, 설탕을 풀고 핸드믹서 날에 붙고 살짝 뿔이 생기는 80% 정도로 휘핑한 후, 캐러멜 아파레유, 다크 럼을 넣고 조금 더 단단한 80% 이상으로 휘핑한다.

10 냄비에 설탕과 물을 넣고 중불에 올려 캐러멜라이즈한다. 구운 호두를 넣고 전체적으로 캐러멜 코팅한 다음 테플론 시트에 펼쳐 식힌다.

〉 완성하기 〈

11 지름 8cm 높이 8cm 유리컵 맨 아래에 따로 덜어놓은 캐러멜 아파레유 30g을 담고 호두 스트로이젤과 산딸기를 올린 다음 약 30분 정도 냉동실에서 굳힌다.

12 유자 무스와 캐러멜 샹티 크림을 각각 원형 깍지와 몽블랑 깍지를 끼운 짤주머니에 담아 ⑪에 짜고, 위에 캐러멜라이즈 호두를 올린다.

tip 캐러멜라이즈 호두는 습기에 약하기 때문에 미리 올리지 않고 먹기 바로 전에 올린다.

오렌지 크렘브륄레

Orange Creme Brulee

'불에 탄 크림'이라는 뜻의 크렘브륄레는 푸딩 같은 커스터드 위에
설탕을 토치해 유리처럼 얇은 캐러멜 코팅을 만든다.
톡! 스푼으로 깨먹는 재미가 있는 특별한 디저트.

Ingredients	지름 9cm 높이 2cm 크렘브륄레 1개	
생크림 55g	오렌지제스트 1/4개 분량	설탕B 약 20g
오렌지 퓨레 4g	설탕A 6g	
바닐라빈 1/4개	달걀노른자 10g	

Preparation

• 오븐은 150℃로 예열한다.
• 바닐라빈은 칼로 가운데를 길게 갈라 칼등으로 씨만 긁어 준비한다.

1 냄비에 생크림과 오렌지 퓨레, 바닐라빈 씨, 오렌지 제스트를 넣고 약불에서 살짝 끓인다.

2 볼에 달걀노른자와 설탕A를 넣고 뽀얀 하얀색이 날 때까지 휘퍼로 섞는다.

3 ①을 ②에 2번 나누어 부은 다음 하나로 섞는다.

4 작은 크렘브륄레 그릇에 ③을 붓고 팬에 올린 다음 그릇의 반 정도까지 물을 채운 뒤 150℃로 예열된 오븐에서 22분 정도 굽는다.

5 크렘브륄레가 완전히 차갑게 식으면 위에 설탕B를
고르게 뿌린 다음 토치로 가볍게 그을려 캐러멜라
이즈한다.

<u>tip</u> 토치 불이 약하면 타기만 하고 캐러멜라이즈가 잘
되지 않는다. 센불로 확실하게 그을린다.

6 ⑤의 과정을 3~4번 정도 반복한다.

CHEF'S TOUCH

• 캐러멜라이즈한 설탕 코팅은 수분에 약하기 때문에 시간이 지나면 녹아서 물이 생긴다. 먹기 바로
전에 센불로 그을려야 톡! 깨지는 바삭한 캐러멜과 부드러운 크림을 함께 즐길 수 있다.

loisir

르와지르 디저트 수업

dessert class

펴낸날 초판 1쇄 2017년 10월 2일 | 초판 7쇄 2023년 8월 10일

지은이 김수경

펴낸이 임호준
출판 팀장 정영주
편집 김은정 조유진 김경애
디자인 김지혜 | **마케팅** 길보민 정서진
경영지원 박석호 유태호 최단비

사진 한정수 (studio etc. 010-6232-8725)
인쇄 (주)상식문화

펴낸곳 비타북스 | **발행처** (주)헬스조선 | **출판등록** 제2-4324호 2006년 1월 12일
주소 서울특별시 중구 세종대로 21길 30 | **전화** (02) 724-7664 | **팩스** (02) 722-9339
인스타그램 @vitabooks_official | **포스트** post.naver.com/vita_books | **블로그** blog.naver.com/vita_books

ISBN 979-11-5846-187-4   13590

비타북스는 독자 여러분의 책에 대한 아이디어와 원고 투고를 기다리고 있습니다.
책 출간을 원하시는 분은 이메일 vbook@chosun.com으로 간단한 개요와 취지, 연락처 등을 보내주세요.

비타북스는 건강한 몸과 아름다운 삶을 생각하는 (주)헬스조선의 출판 브랜드입니다.